U0158925

【美】马丁·加德纳◎著
陆继宗◎译

算盘与多米诺骨牌

Abacus & Dominoes

Mathematical Circus

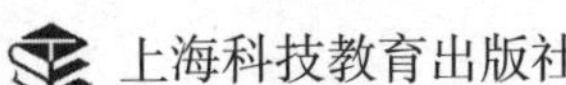
上海科技教育出版社

图书在版编目(CIP)数据

算盘与多米诺骨牌/(美)马丁·加德纳著;陆继宗译.—上海:上海科技教育出版社,2020.7

(马丁·加德纳数学游戏全集)

书名原文:Mathematical Circus

ISBN 978-7-5428-7236-4

Ⅰ.①算… Ⅱ.①马… ②陆… Ⅲ.①数学—普及读物 Ⅳ.①01-49

中国版本图书馆CIP数据核字(2020)第041384号

目　录

序

女士们、先生们：

欢迎观赏这世上最伟大的数学马戏团表演！来看看由人类凭借其超凡智慧所创造的迄今最魅惑人心、最难以想象的智力趣题吧！为在数的世界中、在词的海洋中、在几何学中，以及在自然界中展现出来的那些神秘的、迷人的模式而惊奇吧！为那些奇异的、刺激的悖论，为那些令人难以置信的脑力体操绝技而颤抖吧！请看看第1、3、8章中的那些“三环大马戏”①吧！如今，就在这里——所有最有趣娱乐的真实来源，在一个新的版本中以空前的博大恢宏展现在你们面前。

马丁·加德纳再次成为一场快节奏马戏综艺表演的技艺精湛的演出指挥。这里为每个人都准备了一些好东西，确切地说，这里为每个人准备了几十件好东西。本书将各种激动人心的思想美妙地协调平衡在10个章节中。这些思想或发端于近在眼前的物件，如火柴棒、纸币；或起始于远在天边的对象，如行星、无

① 原文为three rings，双关。显义即本书第1、3、8章中那些3个圆相切或相交的插图。但其隐义似有二：一是英国作家托尔金(John Ronald Reuel Tolkien，1892—1973)的奇幻小说里的“精灵三戒”，是一种虚构的魔法人工制品；另一是three-ring circus，一种在相邻的3个圆形场地上同时演出3套不同节目的大型马戏表演。不管怎么说，此词无非隐喻本书内容或像魔戒那样法力无边、变幻无穷，或像马戏表演那样五花八门、精彩纷呈。——译者注

穷的随机行走。我们将了解古代做算术的器具和现代对人工智能的解释。这里既能让你的双眼目不暇接,让你的双手过足玩瘾,又能让你的大脑酣畅淋漓地运转一番。

马丁·加德纳撰写的关于数学娱乐的300篇专栏文章,就如同海顿[①]的交响乐或博斯[②]的画作那样,是这世上的瑰宝。许多年来,我一直把它们作为信息和灵感的源泉,放在我工作的书房里伸手可取的地方。起先,我保存原初的页面,这是从我自己的各期《科学美国人》上撕下来的,这些资料最早发表在那上面。后来,当这些专栏文章以书的形式结集出版时,我又急不可待地去把每一本都弄到手,赏读其中增添的趣闻轶事和事实背景。我希望有一天,当技术发展到能让书籍以数字形式记录在盒式磁带上发行时,这些珍宝将属于第1批被制成可在网上获得的文字作品。

是什么使得这些小文章如此让人另眼相看?原因很多,可能比我想到的要多。但我认为主要的原因是,马丁本人的热情在他那温文尔雅的文笔中熠熠生辉。他有一种特别的本领,即能用最少的行内话来描述数学的各种构思,使得数学概念的美可被各种年龄、各种背景的人所欣赏。我的父母能看他的作品,我的孩子也能看。然而,他所描述的数学内容具有足够密集的信息,以至于像我这样的专业人员仍能从中获得不少知识。

巴纳姆[③]说得对,人喜欢偶尔被骗一次,而魔术师马丁诡计多端,奇招

① 海顿(Joseph Haydn,1732—1809),奥地利作曲家。古典主义音乐的杰出代表,被誉为交响乐之父和弦乐四重奏之父。——译者注

② 博斯(Hieronymous Bosch,1450—1516),荷兰画家。早期尼德兰画派最著名的代表之一,被尊为对人性具有深刻洞察力的天才画家和第1个在作品中表现抽象概念的画家。其作品主要是复杂而独具风格的圣像画。——译者注

③ 巴纳姆(Phineas Taylor Barnum,1810—1891),美国马戏团经纪人兼演出者。以骗局起家,又以展出侏儒等畸形人而大发横财。后转为文艺演出的经纪人,创建了著名的大型巡回马戏团——巴纳姆和贝利马戏团,首先推出了前文提到的"三环大马戏"。——译者注

满身，哄骗有方，搞笑怡人。但重要的是，他一丝不苟，秉直公正。他煞费苦心地核查了他依据的所有事实，提供了完美的历史背景。这些文章既是学术性的宏论，又是普及性的诠释；它们是完全可靠的，是经过仔细推敲的。有好几次，我对于某个论题做了我认为是全面综合的研究，而马丁同时也在独立地准备一篇关于同一论题的专栏文章。结果无一例外地，我会发现所有据我所知最值得选取的珍品他都选取了，而且我所遗漏的少量瑰宝也被他发掘了。

好了，快、快、快——马上进大帐篷去，一场令人惊叹的表演就要开始了！拿上一大袋花生坐到你的座位上去。乐队要开始奏序曲了。演出开始了！

高德纳[①]

1992年修订

① 高德纳（Donald Ervin Knuth，1938—　），美国计算机科学家。因在算法分析及编程语言设计方面的贡献获1974年图灵奖。他的《计算机程序设计艺术》（*The Art of Computer Programming*）一书最为世人称道。——译者注

前言

有时这些想法仍会惊愕着

纷扰的子夜和午间的静溦。

——T·S·艾略特[①]

本书各章原本是每月出现在《科学美国人》杂志上的一篇专栏文章，这个专栏的标题是Mathematical Game(数学游戏)。经常有数学家问我，我采用这个词组作标题是什么意思。这可不容易回答。game这个词曾被维特根斯坦[②]用作例子来说明他所谓的“家庭词”(family word)，即一种无法给予单一定义的词。一个家庭词有着多个词义，这些词义有点像一个人类家庭中的成员那样联系在一起，而这种联系是在语言的演化过程中建立起来的。你可以这样定义mathematical game或recreational mathematics(趣味数学)，即说它是任何含有一种很强的play(玩耍)因素的数学，但这几乎什么也没说，因为play、recreation(消遣)和game大致上是同义词。到头来，你不得不借助于这样的油嘴

① T·S·艾略特(Thomas Stearns Eliot，1888—1965)，出生于美国的英国诗人、剧作家、文学评论家，1948年获诺贝尔文学奖。——译者注

② 维特根斯坦(Ludwig Wittgenstein，1889—1951)，出生于奥地利的英国哲学家、逻辑学家，语言哲学的奠基人。——译者注

滑舌:把诗定义为诗人所写的东西,把爵士乐定义为爵士乐手们所演奏的东西。趣味数学是趣味数学家觉得很有趣味的那种数学。

虽然我不能把数学游戏定义得比我对诗的定义更像样一些,但是我坚持认为不管数学游戏是什么,它是初等数学教学中紧扣年轻人兴趣点的最佳方法。一道巧妙的数学趣题、一个诡异的数学悖论、一手精彩的数学戏法,能迅速激发一个孩子的想象力,比一个实际应用(特别是当这个应用与这个孩子的生活经验相去甚远时)要迅速得多。而且,如果这个"游戏"挑选得当,那么它几乎可以不费吹灰之力地引导孩子们走向一些重要的数学概念。

不光孩子,就是大人,也会迷上一道根本预见不到什么实际应用的趣题,而且数学史上也充满了专业数学家和业余爱好者对这种趣题进行研究而导致意外结果的例子。贝尔[①]在他的《数学:科学的皇后和仆人》(*Mathematics:Queen and Servant of Science*)一书中谈到了关于纽结分类和枚举的早期工作,说这种曾经看来只不过是玩玩智力游戏的事,后来却发展成了拓扑学的一个繁荣兴旺的分支:

因此,纽结问题不仅仅是智力趣题。类似的情况在数学中屡屡出现,部分原因在于数学家有时候颇为执拗地把严肃的问题改述为似乎不起眼的智力趣题,而这些趣题与那些他们希望解决但未能解决的难题从抽象的角度看完全是一回事。这个低劣的鬼花招诱骗了一些胆小的门外汉,他们本来可能会被这些趣题的真实面貌吓跑的,而不少被骗进来的业余爱好者为数学作出了重要的贡献,却对他们所做事情的价值毫无察觉。一个例子就

① 贝尔(Eric Temple Bell,1883—1960),出生于苏格兰的美国数学家、科学普及作家、小说家。——译者注

是常在数学娱乐书籍中提到的柯克曼15女生问题[①]。

有些数学趣题确实平淡无奇，也没有什么发展空间。然而上述两种类型的趣题有其共同之处，对于这一点，没有谁能比著名数学家乌拉姆[②]在他的自传《一位数学家的经历》(*Adventures of a Mathematician*)中表达得更好了：

尽管数学有其壮观的远景、有其审美、有其对新生事物的洞察力，但数学也有一种容易使人上瘾的特性。这个特性不太明显，或者不太有益于健康。或许这类似于某些化学药物的作用。最小的趣题，一看就知道平庸肤浅或老一套的，也能起到这种使人上瘾的作用。你只要着手去解这种趣题，你可能就被套住了。我想起当初《数学月刊》(*Mathematical Monthly*)[③]偶然发表了由一位法国几何学家投寄的一些题目，它们是关于圆、直线、三角形在平面上的平凡分布[④]的。"Belanglos[⑤]"，正像德国人常说的那样。但是，一旦

① 柯克曼(Thomas Penyngton Kirkman，1806—1895)，英国数学家。柯克曼15女生问题是他于1850年提出的一个趣味数学问题：15名女生，3人一组，出去散步，连续7天，那么是不是有一种分组方案(每天一种分法)，使得在这7天中，任意两名女生都能同组一次且仅一次？找出这样一个方案并不难，难的是这个问题所引出的许多问题，它们成了当今组合数学中区组设计领域的主流问题。——译者注

② 乌拉姆(Stanislaw Marcin Ulam，1909—1984)，出生于奥匈帝国伦贝格(后称利沃夫，曾属波兰，现属乌克兰)的美国数学家。曾参加美国试制原子弹的曼哈顿计划，主要以设计了一类以概率统计理论为指导的数值计算方法——蒙特卡罗法而闻名。——译者注

③ 当指《美国数学月刊》(*American Mathematical Monthly*)。——译者注

④ 几何对象在平面上呈平凡分布(或称简单分布、一般分布)，是指这些几何对象间的相对位置不符合一些常见的特殊要求。如任何3点不共线，任何4点不共圆；任何两条直线不平行，任何3条直线不共点。对于在平面上呈平凡分布的几何对象，会有一些有趣的结论。如：设平面上有呈平凡分布的点$2n+3$个，则其中必有3个点，使得过这3点的圆把其余$2n$个点的一半包围在圆内，另一半排斥在圆外。——译者注

⑤ 德语，意思是没有重要性的或无关紧要的。——译者注

你开始考虑怎样去解决它们，这些图形就会把你套住，即使你始终明白，无论怎样一个解答都几乎不可能导致更为刺激或更为广泛的论题。这与我所说的关于费马定理①的历史截然相反。费马定理导致了大量代数学新概念的产生。区别或许在于，小题目通过适度的努力就可以解决，而费马定理仍然悬而未决，它是一个持久不息的挑战。不过，数学的这两类宝贝玩意儿对于那些想要成为数学家的人——他们存在于数学的各个层次，从数学的细枝末节到比较令人振奋的层面——都有一种强烈的成瘾性。

马丁·加德纳

1979年3月

① 指费马大定理，由法国数学家费马（Pierre de Fermat，1601—1665）于1637年提出。它说：当n为大于2的正整数时，关于x、y、z的方程$x^n+y^n=z^n$没有正整数解。由于费马声称他已证明了这个结论，故称之"定理"；加个"大"字，以区别于另一个"费马小定理"。但是费马的证明一直没人见到，而后人也长期未能另外予以证明。直到1994年，英国数学家怀尔斯（Andrew Wiles，1953— ）运用现代数学多个领域的成果，给出了费马大定理的一个证明。现在人们一般认为，费马当初的证明很可能是搞错了。——译者注

第1章
怪棋及其他

1. 怪　　棋

最近一次访问假想棋俱乐部，我看到了布莱克先生和怀特先生[①]正在对弈的一局棋，他们是俱乐部里的两位最古怪的棋手。使我吃惊的棋局如图1.1所示。我最初认为两位棋手下的是开始时就缺一个马的缺子棋，黑方已经走了一步棋，不料布莱克先生告诉我他刚走完了一局标准棋的第4步，已经走过的棋如下：

白	黑
N–KB3	P–Q4
N–K5	N–KB3
N–QB6	K–NQ2
N取N	N取N

图1.1　黑方第4步棋后的棋盘

一个小时后，在我输给了另一棋手一局棋后，我回来看到布莱克和怀特两位先生的棋结束了。他们第2局的棋盘情况看起来与前面的一局完全相同，只是现在4个马都没有了！走黑棋的布莱克先生看了一下说："我刚走了我的第5步棋。"

① 布莱克(Black)、怀特(White)就是英文中的黑、白。——译者注

(1) 读者是否能合理地构造出一局会出现此种开局情况的棋来?

"顺便提一下,"怀特先生说,"我想出了一个或许会让你的读者开心的问题。假设,我们把一副国际象棋棋子——所有16个黑棋和16个白棋——倒入一顶帽子里并摇动帽子,然后随机地取出一对。如果两个都是黑的,我们就把它们放在桌上,构成一堆黑棋子。如果碰巧两个都是白的,我们就把它们放在桌上,构成一堆白棋子。如果两个棋子的颜色不同,我们就把它们扔回到各自的棋盒中去。当所有32个棋子都从帽子里取出后,在黑堆里的棋子数与白堆里棋子数精确相等的概率是多少?"

"嗯,"我说,"我随便猜猜,这个概率应该是相当低的。"布莱克和怀特轻声地笑着,继续下棋。

(2) 两堆黑白棋中棋子数相等的正确概率是多少?

2. 唠叨的夏娃

隐算术(或叫字母算术,有些编谜人更喜欢这样说)[①]是一种古老的、不知起源的游戏,当然是最佳的游戏之一,而且我想大多数读者并不熟悉它:

$$\frac{\text{EVE}}{\text{DID}} = .\text{TALKTALKTALK}\cdots$$

其中相同的字母代表相同的数字,包括0。$\frac{\text{EVE}}{\text{DID}}$已被简化为最简分数。它的小数部分有个4位数的循环节,解是唯一的。为了求解它,回忆一下得到与不可约分数等价的有n个重复数字的小数的标准方法,将此循环节放置在n个9的上面,然后将它简化为最简分数。

① 隐算术是用英文字母(亦可以是其他符号)代替0至9的数字,要求玩家找出那些字母代表的数字的一种游戏。

3. 3个正方形

只用初等几何学(甚至不需用到三角学),就可以证明图1.2中的∠C等于∠A和∠B之和。

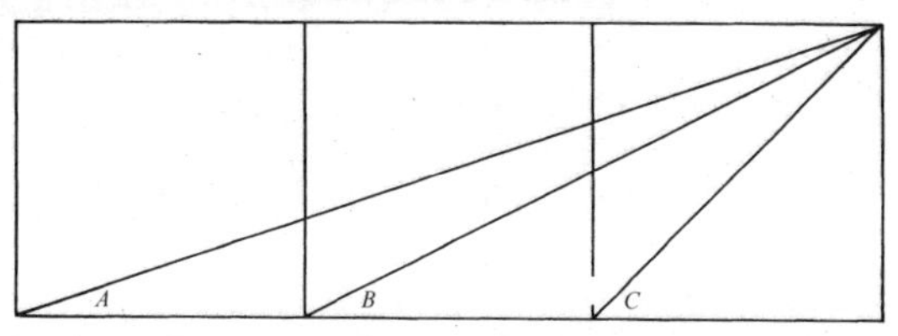

图1.2　证明角A加角B等于角C

对于这个迷人的简单问题,我要感谢卡茨(Lyber Katz)。儿童时期的他在莫斯科上学,他4年级的几何课老师给出了这道题,能够解出这道题的人可以获得额外的学分。他补充说:“这道题导致的死胡同数目是非比寻常的。”

4. 波尔的诀窍

一位顶级的科幻小说作家波尔[①]想出了一个花招,这个花招出现在一本叫作《后记》(*Epilogue*)的魔术杂志最近一期上。计算机编程人员可能会比其他人更快地解决这个问题。

请一个人在一张纸上画一排水平的小圆圈,代表一排硬币。当他这样做时,你转过身去。然后,他把右手大拇指的指尖放在第1个圆圈上,使得他的拇指和手掌完全遮盖了这一排圆圈。你转过身来打赌说,你可以立即在这张纸上写下一个数字,这个数字将预言每一枚硬币投掷时可能出现的正

① 波尔(Frederik Pohl,1919—2013),美国著名科幻小说作家和编辑,也是一个超级科幻小说迷。——译者注

面和背面组合的总数。例如,两枚硬币有4种组合,3枚硬币有8种等。

你不知道他画了多少枚硬币,却能够轻易地赢此次打赌。这是如何做到的?

5. 埃斯科特滑块

如图1.3所示,这个著名的滑块游戏是由1946年去世的美国数学家埃斯科特(Edward Brind Escott)发明的,发表在一本短命的、名为《游戏文摘》(*Games Digest*)的杂志1938年8月号上,没有公布解答。埃斯科特提出的问题是把块1块2与块7块10交换位置,移到图右所示的位置上,其他滑块的位置不论。要求是在平面上、直角边界内移动,一次只能移动一块;即使有地方可以转动,也不可转动滑块;在移上、移下、移左或移右时,必须保持每一块滑块的方向不变。

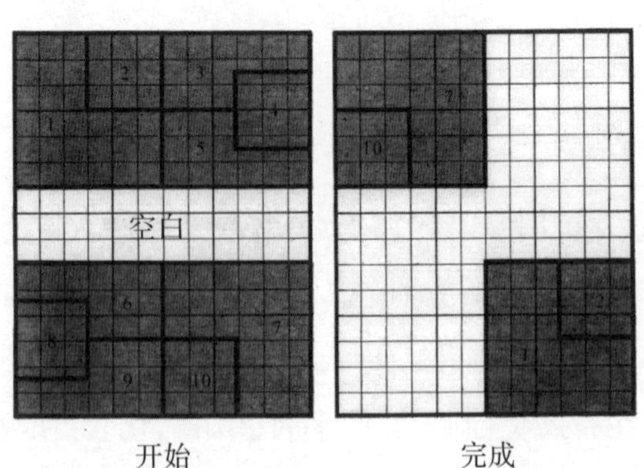

图1.3 埃斯科特滑块游戏

这是我在出版物中看到的最为困难的滑块游戏。解决方法是移动48次,一块滑块每移动一次就计数一次,即使是转弯移动过去的。

埃斯科特是一位经常给数学杂志投稿的数论专家,他曾在美国中西部的几所学校和学院任教,晚年在伊利诺伊州奥克帕克市的一家保险公司任保险精算师。

6. 红色、白色和蓝色重物

涉及重物和天平的问题在过去几十年里已经很普遍了。这里有一个柯里(Paul Curry)发明的不太寻常的例子,他在魔术圈里是一个有名的业余魔术师。

设想你有6个重物,一对红色的、一对白色的、一对蓝色的。在每一对里有一个比另一个稍微重一些,除此之外看起来完全相同。3个较重的(一种颜色一个)重量都相同,3个较轻的也一样。

在天平上称量两次,你能认出每一对里哪个重一些吗?

7. 十　位　数

如图1.4所示,10个格子记录了一个十位数,规则是:第1个格子中填的数字指明了这个数中0的个数,标作"1"的格子填的是1的个数,如此类推,最后一个格子填的是所有9的个数(当然0也是一个数)。答案是唯一的。

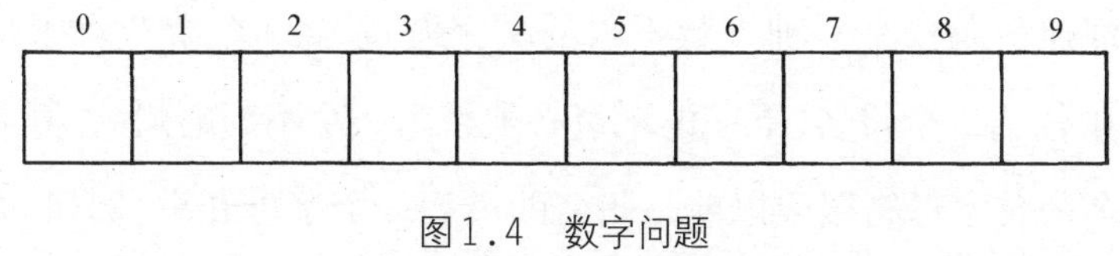

图1.4　数字问题

8. 保龄球状的硬币

日本智力游戏的权威藤村幸三郎(Kobon Fujimura)设计了这个巧妙的智力游戏,收录在他最近的一本著作中。如图1.5所示,将10枚硬币排列成人们熟悉的保龄球状。最少需要移去几枚硬币,可以使得留下来的3枚硬币的中心不会成为任何大小的等边三角形的3个角?假设旋转和镜像是相同的,移动最小数目硬币的方法只有一个。

图1.5 日本的硬币智力游戏

注意,此方法包含两个等边三角形,它们是倾斜的,底边不在水平线上。

9. 地理连名游戏

地理连名游戏是一种人数不限的文字游戏。第1个游戏玩家从美国50个州中任选一个州名,下一位玩家必须给出一个不同的州名,其名要以前一州名的首字母结尾或以前一州名的最后一个字母开头。例如,如果第1个选用了内华达(Nevada),下一个可以a开头成阿拉斯加(Alaska)或者以n结尾成威斯康星(Wisconsin)。换言之,州名链的两端是开放的。当一个玩家不能在此链上增加州名,他就被淘汰,由下一个玩家用一新州名开始一条新的链。在同一游戏中,一个州名只能用一次。这个游戏一直继续到只有胜利者留下。

西尔弗曼(David Silverman)问:如果你是参加这一游戏的3人中的第1个人,你会选用哪一个州名以确保你一定胜利?我们假定所有玩家都能理智地玩游戏而且不会与第1个玩家串通一气。

答　　案

1. (1) 一个可能的走法是:

白	黑
① N-KB3	N-KB3
② N-QB3	N-QB3
③ N-Q4	N-Q4
④ KN 取 N	QP 取 N
⑤ N 取 N	P 取 N

这两个象棋问题被重印在一本名为《流形》(*Manifold*)的数学杂志1989年夏季号上,这本杂志由位于英格兰考文垂的华威大学出版社出版。它引用了1947年的《象棋评论》(*Chess Review*),认为是一位美国棋手勃卢斯坦(Larry Blustein)给出了与上面所述稍有不同的走法。

凯罗什(Mannis Charosh)要我注意这个缺失两个马问题的一个有趣变种。不是移走两个国王一边的马,而是移走两个王后一边的马,并且不是让王后前面的兵向前走两格,而仅是向前走一格。这个问题也有一个走4步的解,但它的优点在于唯一性(在我

给出的版本中，黑方的前两步是可以交换的）。这个问题出现在1955年2月号的《奇妙象棋评论》(*Fairy Chess Review*)上，其中指出是施瓦格(G. Schwerg)在1938年第1次发表了这个问题。

(2) 其概率为1。因为被一对对丢弃的棋子一定包含了黑、白数量相等的棋子，所以黑堆和白堆中的所有棋子数也一定相等。

2. 如前所述，为了得到与最简分数等价的n个重复数字的小数，将循环节放置在n个9的上面，然后把它简化为最简分数。在本例中，$\frac{\text{TALK}}{9999}$简化为最简形式一定是$\frac{\text{EVE}}{\text{DID}}$，可以推出DID一定是9999的一个因子。只有3个因子101，303，909与DID相符。

如果DID=101，则$\frac{\text{EVE}}{101}=\frac{\text{TALK}}{9999}$，即EVE=$\frac{\text{TALK}}{99}$。重新排列一下各项的次序，则有TALK=(99)(EVE)。EVE不能是101（因为我们已假定101是DID）以及大于101的任何数，因为用它乘以99将产生一个5位数的乘积。所以DID=101被排除在外。

如果DID=909，则$\frac{\text{EVE}}{909}=\frac{\text{TALK}}{9999}$，即EVE=$\frac{\text{TALK}}{11}$。重新排列一下各项的次序，则有TALK=(11)(EVE)。在此情况下，TALK的最后一个数字将是E。因为它不是E，所以909也被排除在外。

只有303可能是DID。因为EVE必须小于303，所以E只能是1或2。在14个可能的数(121，141，…，292)里面，只有242能产生一个符合0.TALK TALK…的小数，其中所有用字母代表的数字都与那些在EVE和DID里的数字不同。

唯一的答案是$\frac{242}{303}$=0.798 679 867 986…。如果不要求$\frac{\text{EVE}}{\text{DID}}$

是最简分数，则还有另一个解，$\frac{212}{606}$=0.349 834 983 498…，如马达奇(Joseph Madachy)所指出的，这证明了夏娃是个双倍唠叨的人。

3. 有许多方法可以证明∠*C*是∠*A*和∠*B*之和。如图1.6所示的方法就是其中一个。画出以小正方形的对角线为边长的两个正方形。∠*B*等于∠*D*，因为它们是相似直角三角形中的对应角。因为∠*A*加上∠*D*等于∠*C*，而∠*D*可用∠*B*替代，随即证明了∠*C*是∠*A*和∠*B*之和。

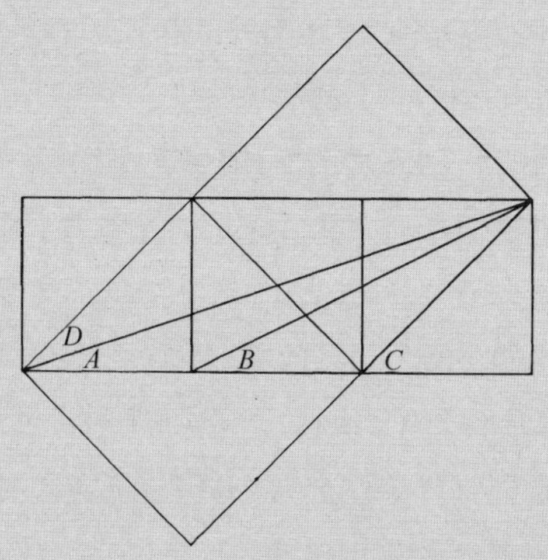

图1.6　三角问题的作图证明

这个小问题引来了读者们潮水般的信件，他们寄来了几十种其他的证明。大量的来信者是用如下方法来避免添加作图线的：设小正方形的边长是1，则3种矩形的对角线等于$\sqrt{2}$，$\sqrt{5}$和$\sqrt{10}$，然后使用比例来找出两个相似三角形，由它们就可得到所希望的证明。另一些是用不寻常的方法来证明这个问题。

特里格(Charles Trigg)在《趣味数学杂志》(*Journal Recreational Mathematics*)第4卷1971年4月号第90—99页上公布了54个证明。在1973年冬季,该杂志第5卷第8—9页上阿米尔-莫耶兹(Ali R. Amir-Moéz)发表了一个使用剪纸作的证明。对于其他的证明,请参阅诺思(Roger North)发表在《数学公报》(*The Mathematical Gazette*)[①]1973年12月号第334—336页上的文章,以及该杂志1974年10月号第212—215页上的后续文章。将此问题推广到一排n个正方形,请参阅特里格发表在1973年12月《斐波那契季刊》(*Fibonacci Quarterly*)第11卷第539—540页上的《勒梅尔结果的几何证明》[②]。

4. 为了打赌取胜,在遮盖这一排圆圈的大拇指指尖的左边,写上1。当移开拇指时,纸上就显示出由一个1后面跟着一排0构成的二进制数。假设这些0代表n个硬币,这个二进制数等价的十进位数2^n,就是那个硬币投掷出的正、反面可能组合数。

5. 当我在专栏文章里第1次介绍埃斯科特滑块游戏时,我给出了一个移动66步的解法,但是许多读者成功地把此数降低到48。这是目前所知的步数最少的解法。

① 《数学公报》是英国数学协会出版的一本数学教学方面的学术刊物,创刊于1894年,每年出版3期。——译者注

② 勒梅尔结果可能是指勒梅尔(Derrick Henry Lehmer,1905—1991)的研究结果。勒梅尔是美国数学家,研究结果颇多。——译者注

没有唯一的48步解法。如图1.7所给出的是一种典型解法[由怀特(John W.Wright)给出]。字母U、D、L和R代表上、下、左和右。在每一种情况中,标有数字的滑块只可能按指明的方向移动。

步	块	方向	步	块	方向
1	6	U,R	25	4	U
2	1	D	26	2	U
3	5	L	27	10	U
4	6	L	28	9	R
5	4	D	29	7	U
6	5	R	30	1	U
7	2	D	31	8	U,R
8	3	L	32	1	D
9	5	U	33	7	L
10	2	R	34	10	L
11	6	U,L	35	2	L
12	4	L,U	36	4	D
13	7	U	37	2	R,D
14	10	R	38	3	D
15	9	R	39	6	R
16	8	D	40	5	R
17	1	D	41	7	U
18	7	L	42	10	L,U,L,U
19	2	D	43	8	U,L,U,L
20	4	R,D	44	4	L,U
21	5	D	45	2	D,L
22	3	R	46	9	U
23	6	U	47	2	R
24	5	L,U	48	1	R

图1.7　滑块智力游戏的48步解

由于最初的模式有双重对称性，所以每个解法都是可逆的。就上述情况而言，其逆解法是在一开始用块5的向下和向左移动代替块6的向上和向右移动，并用对称的相应移动继续下去。

6. 6个物体——两个红色、两个白色、两个蓝色——重量问题的解法之一是，先在天平的一只盘里放一个红色的和一个白色的物体，另一只盘里放一个蓝色的和一个白色的物体。

如果天平是平衡的，你就知道在每一只盘中的两个物体都是一重一轻。移去有颜色的物体，两边都留下白色的。这就确定了哪一个白色物体重，同时也知道了以前称过的另两个物体（一个红色、一个蓝色）哪个重、哪个轻，从而又知道了还没有称过的红蓝一对，哪个重、哪个轻。

如果第1次称量时天平不平衡，你就知道沉下一边的那一个白色物体在两个白色物体中较重一些，但是你仍然不知道红色和蓝色物体的轻重。再将已称过的红色物体与未称过的蓝色物体（或者已称过的蓝色物体与未称过的红色物体）一起称。正如寄来了这个简单解法的钱德勒（C. B. Chandler）所做的，第2次称量的结果，加上第1次称量时哪边重的结果，就可以充分确定这6个物体的轻重了。

对于那些喜欢这类问题的读者，纽约市一位牙科医生和业余魔术师布劳德（Ben Braude）提出了如下的不同版本。这6个物体在所有方面都是类似的（包括颜色），只是3个重、3个轻。重的物体的质量和轻的物体的质量是分别相等的。在天平秤上分别称3次，从而确定它们的轻重。

如同奥贝恩(Thomas O'Beirne)指出的那样,布劳德的问题有两个本质上不同类型的称法:一是两边都放一对来称;另一是两边都放单个来称。汉密尔顿(John Hamilton)画了一张表格,给出了这个简单方法的4种可能性,它出现在一本魔术类定期刊物《扶灵者评论》(*Pallbearers Review*)的1973年3月号上。

1	2	3	4
a/B	a/B	a—b	a—b
c/D	c—d	b—c	b/C
e/F	d/E	c/D	D—E

大写字母代表重的物体,小写字母代表轻的物体。水平线表示平衡,斜线是天平指针所示的样子。

7. 仅有的答案是6 210 001 000。我没有足够的篇幅来给出详细的证明,不过德洛伦佐(Edward P. DeLorenzo)有一个很好的证明,那是戈特利布(Allen J. Gottlieb)在麻省理工学院《技术评论》(*Technical Review*)1968年2月号上的智力游戏专栏中给出的。在1968年6月号上的同一专栏中,德里茨(Kenneth W. Dritz)对小于10个格子的情况有一个证明,在基1到基9[①]里面仅有的答案是1210,2020,21 200,3 211 000,42 101 000以及521 001 000。

鲁宾(Frank Rubin)给出了一般解法,参见《趣味数学杂志》(*Journal of Recreational Mathematics*)第11卷1978—1979年第

① 这里所说的基,就是标记了数字的格子数目。例如,基6就是标记了数字1—6的一排6个格子等。——译者注

76—77页。他指出了所有大于6的基都有一个答案,形如$R21(0\cdots0)1000$,这里的R比上述基小4,括号中的0的个数比基少7个。

8. 如图1.8所示,最少必须从10枚硬币里面移去带有阴影的4枚,才使留下的硬币中任何3枚都不会成为一个等边三角形的角。不包括旋转,此种模式就是唯一的。当然,它的镜像是和它相同的。

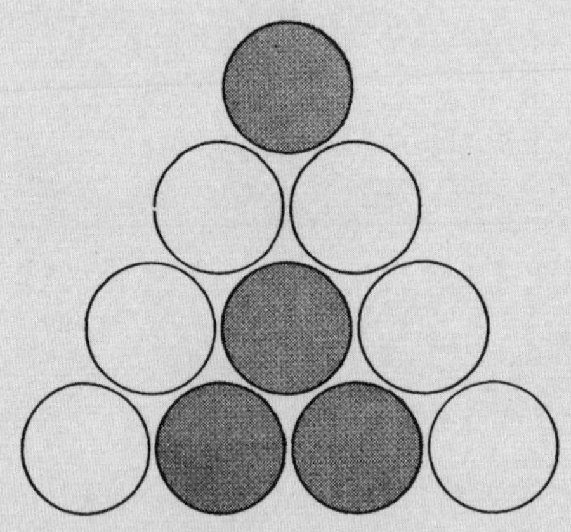

图1.8 10枚硬币智力游戏的解答

9. 赢得西尔弗曼地理游戏的简单方法是第1个参加者选用田纳西(Tennessee)州的名称,第2个参加者只能后缀连上康涅狄格(Connecticut)或佛蒙特(Vermont)。因为没有以字母e开头的州名和以c或v结尾的州名,所以第3个参加者出局。现在又轮到你开始。你选用缅因(Maine)或者肯塔基(Kentucky)就能赢。缅因立即使第2个参加者出局,因为没有以字母e开头或者以m结尾的州名。在所有其他可能性中,肯塔基(Kentucky)是一个快速赢家,它迫使第2个人只能用纽约(New York)。你可以前缀连上密歇根

(Michigan)、华盛顿(Washington)或者威斯康星(Wisconsin)取胜。

能令第1个参加者在他的第2局中获胜的另外3个州名是:特拉华(Delaware)、罗德岛(Rhodc Island)和马里兰(Maryland)。其他的州,诸如佛蒙特(Vermont)、得克萨斯(Texas)和康涅狄格(Connecticut)等也能导致第1个参加者在第3局取胜。

第 2 章

多米诺骨牌

人们对于多米诺骨牌早期历史的了解，似乎少得令人吃惊。多米诺骨牌游戏最早出现在18世纪中期的意大利和法国，在那之前，西方文献中还没有提到过。后来，它们传遍了欧洲大陆，还传到了英格兰和美洲。在西方，一副标准的多米诺骨牌由28张牌组成，每张牌由0到6之间所有可能的成对数字组合所标记，如图2.1所示。每一个数字在一副牌中出现8次。更多的牌，从0–0(白板)到9–9(共55张牌)或12–12(共91张牌)，有时会供应给有更多人参加的游戏用。牌通常是黑色的，上面有着凹下的白色小坑。它们之所以被称为多米诺，可能是那张1–1的牌有些像化妆舞会上戴的黑色多米诺眼罩。

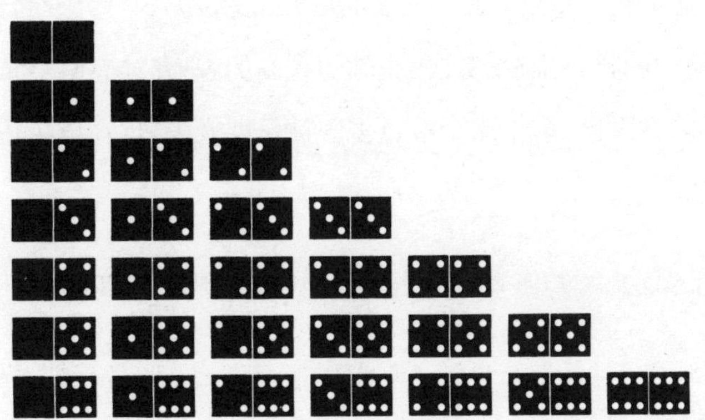

图2.1　一副28张的标准西方多米诺骨牌

没有人知道欧洲的多米诺骨牌是自己独立发明的还是从中国复制来的。不管是哪种情况，在欧洲知道它之前，中国已经流行好几个世纪了。中国的多米诺骨牌叫作牌九，里面没有白板。一副牌九包含由从1-1到6-6所有成对的组合(共21张牌)，但有11张牌是重复的，因此共有32张牌。与中国的骰子一样，1点和4点的凹坑是红色的。所有其他凹坑都是白色的(或黑色的，如果牌是白色的)，不过那张6-6的牌每一边都有3个共6个凹坑是红色的(高丽的多米诺骨牌与此相同，只不过1点的凹坑要比其他点数的凹坑大)。每一张牌都有一个优美的中国名字，6-6是天牌、1-1是地牌、5-5是梅花、6-5是虎头等。这些名字与两个骰子掷出的21种名称相对应。

中国的多米诺骨牌常用卡纸，而不是用诸如木头、象牙、檀木等材料制作，所以能像扑克牌一样玩[①]。如同西方的一样，这种牌有许多不同的玩法。最普遍的西方游戏在任何一本现代的"纸牌游戏法"书里都有描述。对于中国和高丽的游戏玩法，最好的参考书是1895年出版的库林[②]的《东方游戏》(*Games of Orient*)，该书1958年由塔特尔[③]出版社(Tuttle Publishing)再版。日本没有本土的多米诺骨牌，但是有时用西方牌玩多米诺游戏。

按照《大英百科全书》(*Encyclopeadia Britannica*)，某些因纽特人在疯狂的赌博中使用的是一副60或148张牌的骨制的牌，赌徒有时会抵押和输掉他们的老婆。在古巴，多米诺游戏过去曾被长期宠爱，现在成了迈阿密古巴难民的主要消遣。

---

① 此句不确切。中国传统的牌九有用卡纸做的，但多数是用牛骨和竹子等材料制作。——译者注

② 库林(Stewart Culin，1858—1929)，美国民族学家、作家，对游戏、艺术、服饰特别感兴趣，是一位著名的棋牌游戏研究者。除了《东方游戏》以外，他还著有《高丽游戏》等书籍。——译者注

③ 塔特尔 (Charles Tuttle，1915—1993)，美国塔特尔出版社创始人之一。——译者注

最古老的涉及多米诺骨牌的组合问题之一是，在决定将一个多米诺骨牌完全集按照熟知的接龙游戏规则排列成一条龙时，有多少种排法。(如果一个集合包含从1-1到n-n的所有成对组合，则称它是完全的。)如图2.2所示，这个问题是有趣的，因为它可以直接转化为图形连接①问题。除去一张0-0多米诺骨牌的平淡无奇的情况外，最简单的完全集是：0-0，0-1，1-1(图2.2中的a)。从0到1的直线对应于牌0-1。圆圈表示每个数都与自己配对，说明在集合中成双出现。3张牌能被接成一条龙的方法数目，与一条单一路径横贯此简单图形且不经过两次的方法数目相同。很明显，只有两条这样的路径，一条还是另一条的逆向。这两条路径(0-0，0-1，1-1及其逆向)是这些牌能按接龙规则排成一条龙的仅有的两种方法。

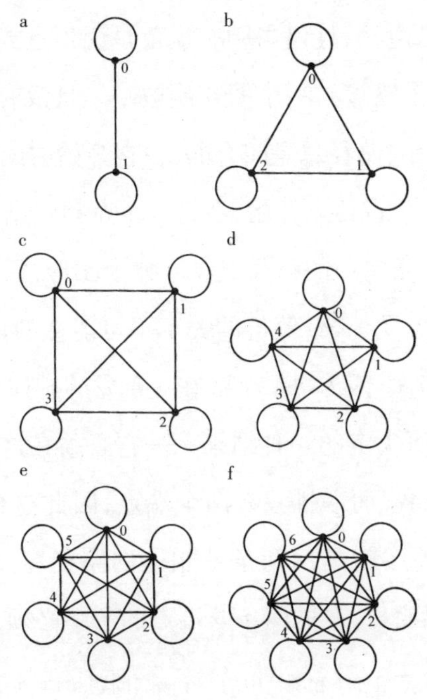

图2.2　解决多米诺骨牌完全集排成一行的图形

① 图形连接实际上就是一笔画问题。——译者注

下一个更大的集合是由0–0到2–2这6张牌构成的，这个问题就不那么简单了。如图2.2中的b所示，这个三角形也有一条唯一的路径(及其逆向)，但是现在这条路径必须回到它的出发点。这意味着多米诺骨牌的对应链是一个闭合的环:0–0,0–1,1–1,1–2,2–2,2–0。它的两端被认为是相连接的:2–0,0–0。因为这个环可以在6个地方被断开而接成一条龙，所以有6个不同的解，如果其逆向也被认为是不同的，则有12个解。

如图2.2c所示，10张多米诺骨牌的完全集(从0–0到3–3)有了一个未曾料想的转折。所有4个顶角是奇顶点，就是说，有奇数条直线与每一个顶点相连(不把两条对角线的中心相交点视为顶角)。一个古老的一笔画规则，是由欧拉(Leonhard Euler)在对柯尼斯堡七桥问题①的著名分析中第1次给出的。该规则是说，当且仅当所有顶角是偶顶点或者恰好含有两个奇顶点(一个起点，一个终点)，一个图才能被一笔且没有任何往复的一条线画出。在第1种情况中，路径总是闭合的，在它开始的地方结束。在第2种情况里，路径一定在一个奇顶点开始，在另一个奇顶点结束。这里我们有4个奇顶点，所以没有一条单一的路径能经过整个图形，因而也就无法把10张多米诺骨牌排成一条龙。一个等价的关于不可能性的证明指出，在这个完全集中每个数出现5次。因为每一个数在一条龙的排列中，必须出现偶数次——这是接龙规则所决定的一种结果——它必须在这一列的一个端点出现一次。现在有4个数，而一排只有两个端点，因此这样的一排是不可能的。我们所能做的顶多就是用两条不相连的路径穿过这个图，相当于用牌接成了两条龙。很明显，在这两条龙端点的数字必须是0,1,2,3。

---

① 柯尼斯堡七桥问题是拓扑学和图论中的一个著名问题。柯尼斯堡当时是东普鲁士的一个城市，现为俄罗斯的加里宁格勒。城中有7座桥，如何能一次走过这7座桥，而不重复经过其中的任何一座，这就是著名的柯尼斯堡七桥问题。欧拉在1735年指出这个问题无法解决，第2年严格证明了这个结论，并发展成了一笔画问题。——译者注

如图2.2d所示，对于5个点的“完全图”，每一个点要加上它自己那个数的圆圈，对应于从0–0到4–4共15张牌的完全集。因为所有的顶点都是偶顶点，所以能够画出一条封闭的路径（和所有这一类的图一样，五边形内部的交叉点不算顶点）。计算在15个地方切开形成一条开链的路径的数日是一个比较复杂的任务。亨利·杜德尼（Henry Ernest Dudeney）在他的《数学趣题》（*Amusements in Mathmatics*）问题283中回答了这个问题，指出除去圆圈，五边形的路径共有264条，每一条给出了多米诺骨牌的一个环（例如，从3024…开始，产生的环是3–0，0–2，2–4，…）。5个数对被插到环中的方式有2^5=32种，形成了264×32=8448个不同的环，每一个环能在15个地方被断开，所以包括逆向在内，有8448×15=126 720种不同的排法。

如图2.2e所示，对应6个点的六边形图有6个奇顶角，因此有从0–0到5–5的21张多米诺骨牌的完全集，不能接成一条龙。我们所能做的顶多是得到3条分开的路径，它们的端点是0，1，2，3，4，5。

从0–0到6–6的28张一副的多米诺标准牌，有一个七边形图，如图2.2f所示。注意，28是第2个完满数（等于它的约数之和）[①]。所有的完满数是三角形数（相继的整数1，2，3，…的和）[②]，如图2.1所示，就会发现每一个三角形数就是在一个完全集里面的牌的数目。所有七边形图的顶点都是偶数，因而可以画出闭合的路径，已经证明这样的路径有7 959 229 931 520条！这是28张多米诺骨牌接成一条龙的接法数目。对于所有的完全集，除去最高数为1的集，当且仅当最高数是偶数时，才能发现一条单一的路径。如果最高数是奇数，至少要求$\frac{(n+1)}{2}$条、端点是所有的n个数字的路径。

① 完满数（perfect number）是指一个数是除了它本身以外的所有约数（包括1）之和。28是其约数14、7、4、2、1之和，第1个完满数是6。——译者注

② 一定数目的点或圆在等距离的排列下可以形成一个等边三角形，这样的数被称为三角形数。第n个三角形数的公式是$\frac{n(n+1)}{2}$。——译者注

28张多米诺骨牌的链一定是闭合的，这个事实是一个古老的客厅戏法的基础。表演者秘密拿掉任何一张不是成对出现的多米诺骨牌。当他人在把多米诺骨牌接成一条龙时，表演者离开这个房间。接好后，这个魔术师不用看牌，就能说出两端的两个数字来。当然，这就是他拿走的那张牌上的两个数字（如果愿意，他可以事先预言这两个数字，把它们写在一张纸上，折叠起来，放在一边）。若要重复这个戏法，他可以在洗牌时把偷走的那张牌放回去，换另一张藏在手掌中。

在某些限制条件下，在完全集形成对称多边形时，许多多米诺问题就产生了。例如，19世纪法国数学家卢卡斯在其著作《数学趣题》(*Récréations Mathématiques*)[①]的第2卷中，引入了"方格图案"，在这个多边形中，标准的28张牌的排列方式使得每一个数字可构成两组2×2的正方形。如图2.3所示，这个从卢卡斯的著作中取出的方格图案说明，除了数字置换和整个图形的逆向外，该方格有唯一解。

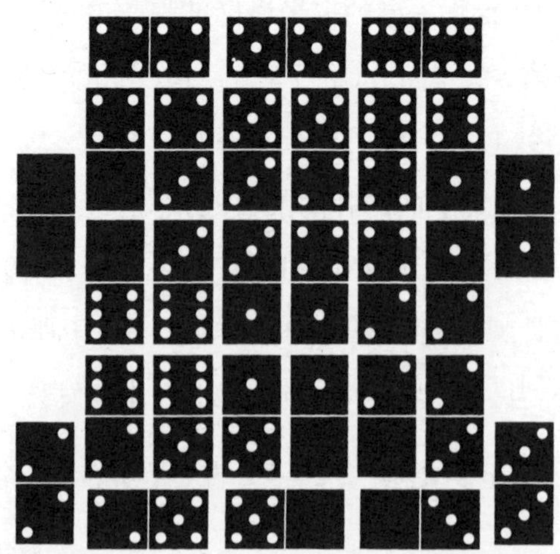

图2.3 一个简单的方格图案

① 卢卡斯(Edouard Lucas，1842—1891)，本章及下一章提到的《数学趣题》的作者都是他。——译者注

用多米诺骨牌构成幻方是另一种古老的消遣。如果一个方块的每一行、列、对角线上数字的和都是相同的,就称它为幻方。只有二,四和六阶的方块能用一副28张的牌构成(奇数阶的幻方含有奇数个小方块,所以任何想用多米诺骨牌构成它们的尝试,都会留下一个孔)。一个二阶的幻方显然是不可能的,即使两条对角线忽略不计,这两张牌也一定是重复的。

如图2.4上部所示,六阶多米诺幻方中一个可能性最低的幻方常数[①]13,可以变为可能性最高的幻方常数23,只要把每一个数字用它和6的差代替即可。这样的两个幻方对于6来说是互补的。为了证明13和23是最小和最大的幻方常数,先要注意一个六阶幻方一定有一个能被6除尽的总点数。因为78和138是18张多米诺骨牌上点数的和乘以6得到的最小和最大常数,由此可证 $\frac{78}{6}=13$ 和 $\frac{138}{6}=23$ 是最小和最大的可能常数。

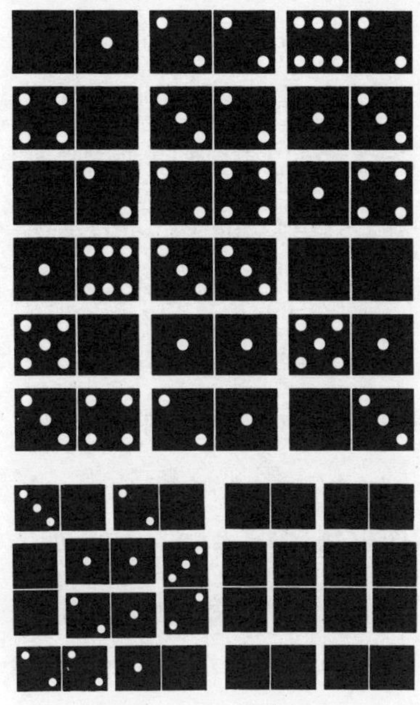

图2.4　多米诺幻方

① 即幻方的行、列或对角线上的数字之和,是同一个数。——译者注

对于由一副标准的多米诺骨牌中的8张牌构成的四阶幻方，其最小和最大常数是 $\frac{20}{4}=5$ 和 $\frac{76}{4}=19$。如图2.4左下部所示，如果由常数为5的方块着手，每个数字都用它与6的差数代替，就产生了一个带有最大常数19的幻方。四阶多米诺幻方可以拥有从5到19的所有常数。如图2.4右下部所示，你能用一副标准多米诺骨牌中的8张牌填充空白格子，从而产生一个所有的行、列和两条主对角线的数字和都是10的幻方吗？1969年，菲尔波特(Wade E. Philpott)证明，六阶幻方可以由13到23的任何常数组成。

采用几个不太优美的约定之一，就可以研究奇数阶的幻方：

1. 留下一个单位空格，把它记为0。不难证明这种类型的三阶幻方是不可能的。

2. 允许一张牌中的一个方格，最好选空白格，越出该幻方。

3. 将每一张多米诺骨牌当作一个单个数字，这个数字是它的点数之和。因为一副28张标准多米诺骨牌中的单张牌具有从1到12的和，具有从1到9的数字的唯一三阶幻方可以由9张多米诺骨牌构成。对于五阶和七阶幻方，必须用到重复的和。卡德(Leslie E. Card)发现，从一副标准牌中取出任何25张一组的多米诺骨牌，就将构成这种五阶幻方(参见西尔弗曼在《趣味数学杂志》1970年10月号第226—227页上的《一个枚举问题》一文)。

我从佩詹诺夫斯基(Lech Pijanowski)那里知道了一个引人入胜的多米诺骨牌谜题，他是波兰的一位电影评论家，还为一家周报撰写智力技巧游戏，他还是一本360页的书籍《通向游戏王国之路》(*Journey into the Land of Games*)的作者。能玩这个游戏的人数不限，不过我假定只有两个参加者。每一个参加者都遵照下面的步骤。当他的对手离开房间时，他将一副标准的28张牌牌面向下、打乱，然后把它们随机排成一个7×8的长方形。再将牌面翻上来，把它们的点数记在一张不呈现多米诺模式的网格纸上(最好再做一份呈现多米诺模式的复印件,以便以后证明模式实际上就是如此)。换上那张不呈现多米诺模式的网格纸,第1个找到用多米诺骨牌完成它的那个人获胜。因为在7×8网格里,数字的许多排列方式有不止一个解,所以并不要求发现原来的模式——只要这个模式能够产生这个网格的数字即可。

如图2.5a所示,这是一个不呈现多米诺模式的网格,人们该如何寻找答案呢?佩詹诺夫斯基提出,首先列出所有28张多米诺骨牌上的数字对,然后在网格上寻找只出现一次的对。在此例中,图2.5b显示的4-5,2-2,3-6和4-4一定是这样的对。为了防止空格出现,可及时加上0-0和3-3。为了防止0-0和3-3在其他地方出现,可以划两条短线表示多米诺骨牌不能横跨短线的两边。

如图2.5c虚线所示,牌2-5一定要么是水平的,要么是垂直的。不管哪种情况,牌0-1一定在所示的地方,为了避免0-1重复,就可判定牌1-3和

a
a

4	1	3	4	3	5	3	3
5	0	4	1	1	5	0	2
0	1	2	0	2	1	6	2
2	5	1	0	6	4	0	0
5	3	5	6	6	6	5	3
6	4	3	0	2	1	5	6
6	2	3	2	4	1	4	4

b
b

4	1	3	4	3	5	3	3
5	0	4	1	1	5	0	2
0	1	2	0	2	1	6	2
2	5	1	0	6	4	0	0
5	3	5	6	6	6	5	3
6	4	3	0	2	1	5	6
6	2	3	2	4	1	4	4

c

4	1	3	4	3	5	3	3
5	0	4	1	1	5	0	2
0	1	2	0	2	4	6	2
2	5	1	0	6	4	0	0
5	3	5	6	6	6	5	3
6	4	3	0	2	1	5	6
6	2	3	2	4	1	4	4

d
d

4	1	3	4	3	5	3	3
5	0	4	1	1	5	0	2
0	1	2	0	2	4	6	2
2	5	1	0	6	4	0	0
5	3	5	6	6	6	5	3
6	4	3	0	2	1	5	6
6	2	3	2	4	1	4	4

图2.5　一个多米诺网格问题的求解

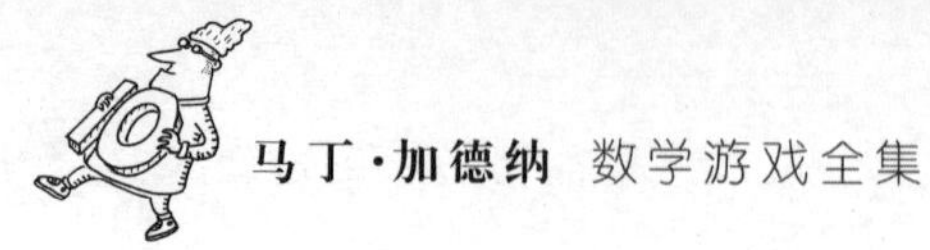

0–4的位置。现在可以添加更多的短线，依此方式就不难找出一个解答来。图2.5d显示了4个解中的一个。

读者在图2.6左边所示的稍微有些不同的网格上检验一下自己的能力。这个问题只有一个解答。如果成功，读者就有足够的信心去处理图2.6右边所示的极端困难的网格。这两个网格都由佩詹诺夫斯基提供，第2个网格有8个解。

2	3	3	1	6	6	0	4
5	2	3	0	4	6	1	1
1	4	6	1	3	3	0	1
1	0	2	5	6	6	3	2
5	5	2	0	5	4	4	5
5	5	1	3	2	0	0	3
4	4	4	0	2	2	6	6

5	5	1	1	3	5	3	1
2	4	1	4	3	2	2	4
1	2	5	0	0	2	1	1
6	1	0	0	0	0	6	3
6	5	4	0	0	1	6	2
5	2	4	6	3	3	6	4
4	2	4	3	5	5	5	6

图2.6　两个多米诺网格问题

答　案

图2.7给出了多米诺幻方问题许多解中的两个。第1个多米诺网格问题的解答是唯一的,如图2.8左所示。

3	4	1	2
3	1	5	1
2	1	3	4
2	4	1	3

2	1	4	3
2	4	0	4
3	4	2	1
3	1	4	2

图2.7　幻方问题的解答

第2个网格问题有8个解,这些解有3个基本模式:一个如图2.8右所示,只要把两张有阴影的牌简单交换一下就是第2种形式;第2个模式也有两种形式,把同样两张牌重排两次得出;第3个模式其中有两个二阶幻方,每一个有两种排列方式,一共又有4个解答。

2	3	3	1	6	6	0	4
5	2	3	0	4	6	1	1
1	4	6	1	3	3	0	1
1	0	2	5	6	6	3	2
5	5	2	0	5	4	4	5
5	5	1	3	2	0	0	3
4	4	4	0	2	2	6	6

2	3	3	1	6	6	0	4
2	4	1	4	3	2	2	4
1	2	5	0	0	2	1	1
6	1	0	0	0	0	6	3
6	5	4	0	0	1	6	2
5	2	4	6	3	3	6	4
4	2	4	3	5	5	5	6

图2.8　多米诺网格的解答

第 3 章

斐波那契数和卢卡斯数

斐波那契的每个妻子，
除了面糊什么都不吃，
重量与她前面两人一样。
第5个是位意大利女士[①]！

——林登(J. A. Lindon)

① 原文为signora，是意大利文中的女士的意思。——译者注

中世纪欧洲最伟大的数学家是比萨的列奥纳多，他更为人熟知的名字是斐波那契[①]，意为“波那契之子”（见图3.1）。列奥纳多生在比萨，但他父亲是阿尔及利亚布日伊一家商业工厂的高级职员，所以他小时候就从穆斯林教师那里接受早期的数学训练。斐波那契很快就认识到，比起他自己国家仍然在用的笨拙的罗马制，印度—阿拉伯的十进制连同加号和0有着巨大的优越性。他最为著名的著作《计算之书》(*Liber Abaci*，即Book of Abacus，实际上是一本供商人用的关于算术和代数的包罗万象的手册)，为印度—阿拉伯记数法的优点进行了辩护。他的争辩没有给那时的意大利商人多大印象，但是这本书最终成了把印度—阿拉伯十进制介绍到西方的最有影响的一本著作。虽然《计算之书》1202年完成于比萨，但只有1228年的修订版因献给了一个当时著名的宫廷占星家才得以保存下来。该书一直没有英译本[②]。

① 斐波那契(Fibonacci，1170 —1250)，中世纪意大利数学家。本名列奥纳多(Leonardo)，大概是为了和晚他200多年出生在佛罗伦萨的另一个著名的列奥纳多(即达·芬奇)相区分，故称他为比萨的列奥纳多。他父亲的外号是波那契(Bonacci)，意为“好、自然”或“简单”，所以称他为斐波那契——波那契之子。后来因只用这个名字，原来的名字反而不为人知了。——译者注

② 在本书出版时，《计算之书》确实没有英译本，2002年，施普林格出版社出版了由西格勒(Laurence E. Sigler)翻译的英译本。——译者注

图3.1 斐波那契

具有讽刺意义的是，这位对数学作了杰出贡献的列奥纳多之所以在今天还被人记得，是由于一位19世纪的法国数论家卢卡斯①（他写过一本4卷的关于趣味数学的经典书籍），他把斐波那契的名字加到了一个数列上，这个数列出现在《计算之书》的一个很平常的问题中。列奥纳多写道，设想一对公和母的成年兔子被放入一个封闭场地饲养。假设每对兔子在它们自己出生两月后开始生小兔子，一次只生公母一对兔子，并且在随后的每个月都会有这样一对兔子诞生。如果没有兔子死掉，一年后在这个封闭的地方有多少对兔子？

图3.2所示的树图给出了前5个月的情况。容易看出，在每个月结束时，

① 卢卡斯以研究斐波那契数列而著名，给出了斐波那契数列第n项的表达式。卢卡斯数列是一个以他的名字命名的整数序列，与斐波那契数列有紧密关系。——译者注

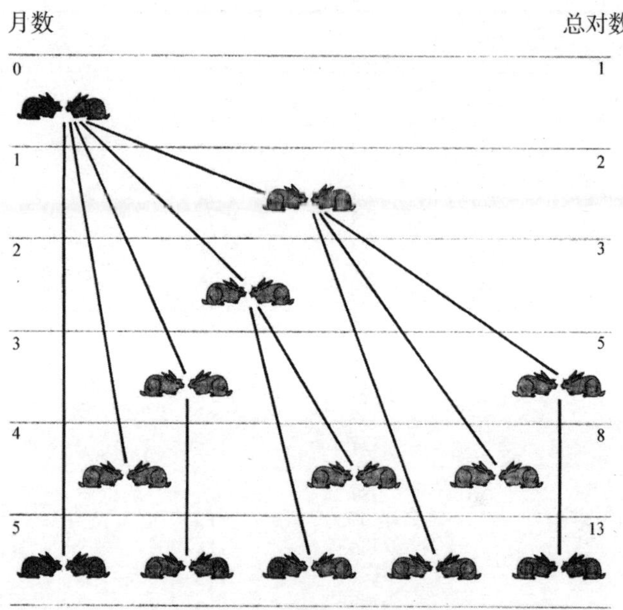

图3.2　斐波那契兔子的树图

兔子的对数形成了数列1,2,3,5,8,…,此数列中的每个数(如斐波那契指出的)是前两个数之和。在12个月的月底一共将有377对兔子。

斐波那契没有研究这个数列,之后直到19世纪初,也一直没有人对它作过认真研究。但在那以后,如同一位数学家所说的,有关数列的文章就几乎像斐波那契的兔子那样增加。卢卡斯对以任意两个正整数开头,且之后的每一个数都是前两个数之和的数列(现在被称为"广义斐波那契数列")作了深入的研究。他把最简单的这种数列1,1,2,3,5,8,13,21,…称作斐波那契数列(下一个最简单数列1,3,4,7,11,18,…现被称作卢卡斯数列)。按照惯例,数列中每一个数的位置用下标表示,所以$F_1 = 1, F_2 = 1, F_3 = 2$,等等。如图3.3所示,是斐波那契数列的前40个数。F_n代表任一斐波那契数,F_{n+1}是指跟在F_n后面的那个数,F_{n-1}是指F_n前面的那个数,F_{2n}是指下标两倍于F_n的斐波那契数。

斐波那契数列		卢卡斯数列	
F_1	1	L_1	1
F_2	1	L_2	3
F_3	2	L_3	4
F_4	3	L_4	7
F_5	5	L_5	11
F_6	8	L_6	18
F_7	13	L_7	29
F_8	21	L_8	47
F_9	34	L_9	76
F_{10}	55	L_{10}	123
F_{11}	89	L_{11}	199
F_{12}	144	L_{12}	322
F_{13}	233	L_{13}	521
F_{14}	377	L_{14}	843
F_{15}	610	L_{15}	1364
F_{16}	987	L_{16}	2207
F_{17}	1597	L_{17}	3571
F_{18}	2584	L_{18}	5778
F_{19}	4181	L_{19}	9349
F_{20}	6765	L_{20}	15127
F_{21}	10946	L_{21}	24476
F_{22}	17711	L_{22}	39603
F_{23}	28657	L_{23}	64079
F_{24}	46368	L_{24}	103682
F_{25}	75025	L_{25}	167761
F_{26}	121393	L_{26}	271443
F_{27}	196418	L_{27}	439204
F_{28}	317811	L_{28}	710647
F_{29}	514229	L_{29}	1149851
F_{30}	832040	L_{30}	1860498
F_{31}	1346269	L_{31}	3010349
F_{32}	2178309	L_{32}	4870847
F_{33}	3524578	L_{33}	7881196
F_{34}	5702887	L_{34}	12752043
F_{35}	9227465	L_{35}	20633239
F_{36}	14930352	L_{36}	33385282
F_{37}	24157817	L_{37}	54018521
F_{38}	39088169	L_{38}	87403803
F_{39}	63245986	L_{39}	141422324
F_{40}	102334155	L_{40}	228826127

图3.3 斐波那契数列和卢卡斯数列的前40个数

几个世纪以来，斐波那契数列一直吸引着数学家们的兴趣，部分原因是它在意想不到的地方开辟出了一条路，但主要还是因为各色各样的数

论业余爱好者除了简单的算术知识，不需要其他知识就能够研究这一数列，发现一些奇特定理看似无穷的变化。计算机编程的最新发展再次唤起了人们对这个数列的兴趣，它们在数据分类、信息检索、随机数的生成，甚至在那些导数未知的复杂函数的近似最大值和最小值快速求法中都有着应用。

早期的应用被总结在迪克森(Leonard Eugene Dickson)的《数论史》(*History of the Theory of Number*)第1卷第17章中。对更新研究有兴趣的读者可以参阅1963年以来由斐波那契协会出版的《斐波那契季刊》(*Fibonacci Quarterly*)。此季刊由位于加利福尼亚州圣何塞的圣何塞州立学院的霍格特(Verner E. Hoggatt)创刊，主要关注广义斐波那契数和类似的数(诸如"三重斐波那契数"，即由前3个数之和构成的数)，不过也关注"对具有特殊性质的整数的研究"。

毫无疑问，斐波那契数列最显著的性质(对广义斐波那契数列也成立)是相连的两个数之间的比例交替地大于或小于黄金分割比例，数字愈往后，这个差值就愈小，且黄金分割比例就是这个比例的极限。黄金分割比例是一个著名的无理数1.618 03…，由1与 $\sqrt{5}$ 的和除以2而得到。有关黄金分割比例的出现、有机物生长与斐波那契数列的密切相关，以及它们在艺术、建筑、甚至于诗歌中的应用，有一份数量可观的参考文献清单，有些还挺稀奇古怪。普林斯顿大学西方古典学教授达克沃思(George Eckel Duckworth)在他的著作《结构模式和维吉尔的埃涅阿斯纪》(*Structural Patterns and Proportions in Vergil's Aeneid*, 1962)[①]中认为，斐波那契数列被维吉尔和那时的

① 维吉尔(Vergil，前70—前19)，古罗马诗人，其作品有《牧歌集》(*Eclogues*)、《农事诗》(*Georgics*)、史诗《埃涅阿斯纪》(*Aeneid*)等。《埃涅阿斯纪》共12卷，是代表罗马帝国文学最高成就的巨著。维吉尔也被认为是古罗马最伟大的诗人。——译者注

其他罗马诗人有意识地使用。我在早些时候关于黄金分割比例的一篇专栏文章中提及这一主题,这篇文章收录在《迷宫与黄金分割》[①]中。

植物呈现出的斐波那契数最令人震撼,比如某些种类的向日葵籽在花盘上的螺旋排列。有两组对数螺线,一组顺时针,一组逆时针,如图3.4两条带有阴影的螺线所示。两组螺线的数目是不同的,且趋向相连的斐波那契数。普通大小的向日葵通常有34和55条螺线,但培养出的巨大向日葵有高达89和144条螺线。在《科学月刊》(*The Scientific Monthly*)1951年11月号的读者来信栏里,地质学家欧康纳(Daniel T. O'Connell)和他的妻子报道了在他们的佛蒙特农场发现的庞然大物似的向日葵,竟有144和233条螺线。

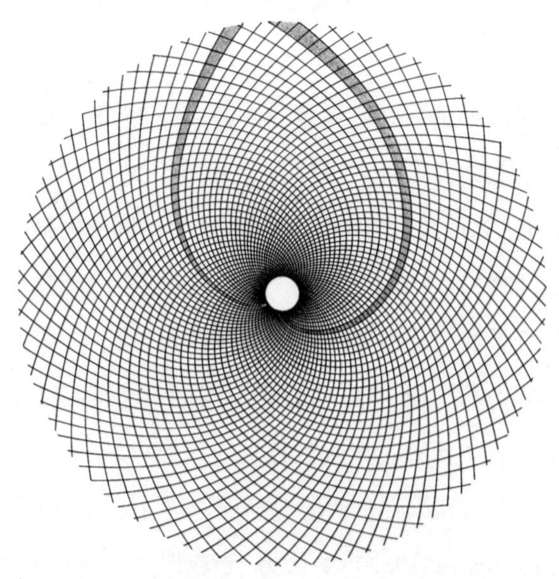

图3.4 具有55条逆时针螺线和89条顺时针螺线的巨大向日葵

① 该书2020年由上海科技教育出版社出版,为"马丁·加德纳数学游戏全集"丛书之一。——译者注

斐波那契数列和黄金分割比例间密不可分的联系可以在下面这个第n项斐波那契数的公式中看出：

$$F_n=\frac{1}{\sqrt{5}}\left[\left(\frac{1+\sqrt{5}}{2}\right)^n-\left(\frac{1-\sqrt{5}}{2}\right)^n\right]。$$

这个方程精确地给出了第n项的斐波那契数(方括号外的分母$\sqrt{5}$可删去)，但是用于高斐波那契数时就显得烦琐，虽然用对数能得到很好的近似。一个简单得多的第n项斐波那契数的公式是黄金分割比例的n次幂被5的平方根除。将这个结果四舍五入得到的最靠近的整数，就是所寻找的精确的数。这两个公式是非递归的，因为它们是由n直接算出第n项斐波那契数的。一个"递归过程"是一系列的步骤，其中每一步都与前面的步骤有关系。如果你计算第n项斐波那契数是通过将连续的斐波那契数求和直至到达第n项，那么你正在作递归计算；第n项斐波那契数是前两项之和的定义是递归公式的一个简单例子。

卢卡斯数列第n个数的公式是

$$L_n=\left(\frac{1+\sqrt{5}}{2}\right)^n+\left(\frac{1-\sqrt{5}}{2}\right)^n,$$

如同斐波那契数那样，也有一个简单得多的找出第n项卢卡斯数的方法。简单地取黄金分割比例的n次幂，将它四舍五入到最近的整数。

给定了任何一个大于1的斐波那契数，你不需要知道它的下标就可计算下一个斐波那契数。假设给定的数为A，下一个斐波那契数是

$$\left[\frac{A+1+\sqrt{5A^2}}{2}\right],$$

这里的方括号是指四舍五入到最近的整数。同一公式也给出了任何大

于3的卢卡斯数列的下一个卢卡斯数。

在广义斐波那契数列中，前n项的和是F_{n+2}减去这个数列的第2项，这是一个令人感兴趣的快速计算技巧。如果请某人从任何两个选定的数开始，写出一个广义斐波那契数列中他所希望的、尽可能多的项。让他在任何两个数字之间划上一条线，你就能够迅速算出到这条线为止的所有数字之和。你所需要做的只是注意这条线后面第2项的数字，用它减去此数列的第2项。也就是说，如果它是一个标准的斐波那契数列，则减去1；如果是卢卡斯数列，则减去3。

这里列出一些标准斐波那契数列为人熟知的性质。它们大部分是不难证明的，当然它们全部都是关于广义斐波那契数列的定理的特殊情况。

1. 任何一个数的平方与它前后两个斐波那契数的乘积相差1。当数列延续时，这个差在加上或减去1之间交替（对于卢卡斯数，相差的常数是5）。在《数学、魔术和神秘性》(*Mathematics, Magic and Mystery*)第8章中，我介绍了一个著名的几何剖分悖论，其中这个定理起了基本的作用。在广义斐波那契数列中，相差的常数是$\pm(F_2^2-F_1^2-F_1F_2)$。

2. 任意两个连续的斐波那契数平方F_n^2与F_{n+1}^2之和等于F_{2n+1}，因为最后一个数的下标一定是奇数。根据这个定理，如果你写下一列斐波那契数的平方，将连续的两个平方相加就会产生该数列中一个下标为奇数的斐波那契数。

3. 对任何4个连续的斐波那契数A、B、C、D，有如下公式成立：$C^2-B^2=A\times D$。

4. 斐波那契数列的个位数，每60步一个循环；最后两位数，每300步一个循环；最后3位数，以1500步为一个周期循环；最后4位数，循环周期是15 000；最后5位数，是150 000；对于任何更大的数字，依此类推。

5. 对于每一个整数 m，有无限多个斐波那契数能被 m 整除，在斐波那契数列的前 $2m$ 项中，至少能发现一个。这种情况对卢卡斯数列并不适用。例如，没有卢卡斯数是5的倍数。

6. 每一个第3项[1]的斐波那契数能被2整除，每一个第4项的斐波那契数能被3整除，每一个第5项的斐波那契数能被5整除，每一个第6项的斐波那契数能被8整除等。这些除数2，3，5，8，…也形成一列斐波那契数。相继的斐波那契数（以及相继的卢卡斯数）没有1以外的公约数。

7. 除了3以外，每一个素数的斐波那契数具有素数下标（例如，233是一个素数，它的下标也是素数）。另一方面，如果下标是合数（不是素数），则斐波那契数也是合数。不幸的是，反过来不一定总是正确：一个下标为素数的斐波那契数不一定就是素数。第1个反例是 F_{19}——4181，下标19是素数，而4181是37×113。

如果逆定理在所有情况下也成立的话，它将回答关于斐波那契数未解决的最大问题：有无限多个素数斐波那契数吗？我们知道素数是无限的，如果每一个具有素数下标的斐波那契数都是素数，那将有无限多个素数斐波那契数。如果是这样的话，现在将没有人知道是否有一个最大的素数斐波那契数。同样的问题对卢卡斯数列也存在。现在我们所知的最大斐波那契素数是 F_{571}，即一个119位的数；最大的卢卡数素数是 L_{353}，一个74位的数。

8. 除了平淡无奇的0和1（把0记作 F_0）例外，仅有的平方斐波那契数是 F_{12}，即144，令人惊奇的是该数是其下标的平方。还有没有大于144的平方斐波那契数，这个问题直到1963年才由伦敦大学贝德福德学院的科恩（John H. E. Cohn）最终解决，他也证明了1和4是卢卡斯数列中仅有的平方卢卡斯数。

① 即下标为3的倍数，第4项指下标为4的倍数，依此类推。——译者注

9. 在斐波那契数列中仅有的立方数是1和8,在卢卡斯数中仅有的立方数是1。[参见伦敦(Hymie London)和芬克尔斯坦(Raphael Finkelstein)的《论幂次数的斐波那契数和卢卡斯数》,发表在《斐波那契季刊》第66卷1969年第476—481页。]

10. 第11项斐波那契数89的倒数能够由从0开始写出的斐波那契数列按如下方法相加而得到:

```
0.0112358
       13
        21
         34
          55
           89
           144
            233
             337
              610
               ...
               ....
                ....
                 ....
--------------------------
 0.011235955056........
```

$$\frac{1}{89}=0.011235955056179775\ ..$$

这些数字的性质,可以写满一本书。同样,还可以讨论如何将这些数列应用于物理和数学。莫泽(Leo Moser)研究了斜射光线通过两块面对面玻璃板的路径。如图3.5所示,一条没被反射的光线通过这两块板只有一条路径。如果一条光线被反射一次,则有两种路径;如果它被反射两次,则有3种路径;如果反射3次,则有5种路径。当反射次数增加时,可能的路径数就落

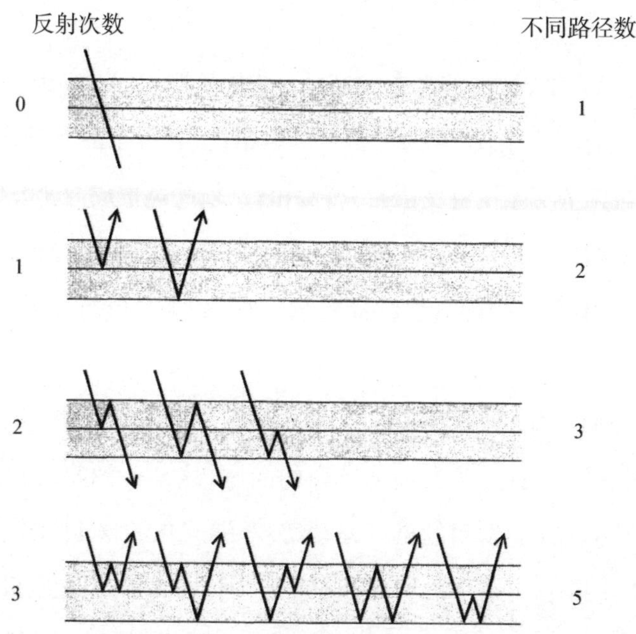

图3.5　当光线通过两块窗玻璃反射n次时，有F_{n+2}种路径

入了斐波那契数列。对于n次反射，路径数是F_{n+2}。

如图3.6，这个数列同样能用于蜜蜂在六边形巢房上爬行的路径。这些巢房可以向右延伸到所想到达的任何地方。假定蜜蜂总是爬行到相邻的巢房，并且总是向右爬行。不难证明，爬到0的路径是一条，到1的路径是两条，到2是3条，到3是5条，依此类推。和前面一样，路径数是F_{n+2}，这里的n是所含的

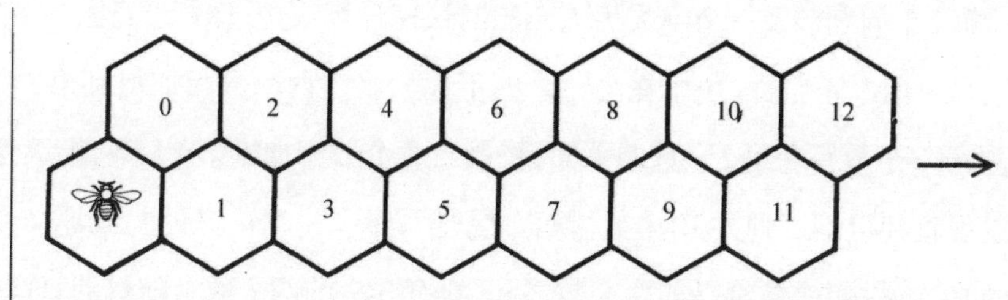

图3.6　蜜蜂爬到第n个巢房，有F_{n+2}条路径

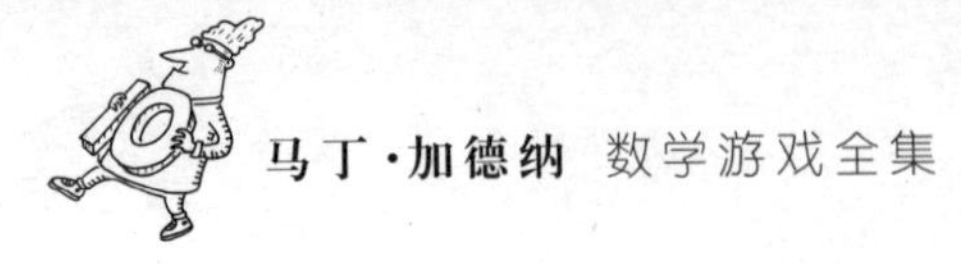

巢房数。

顺便说一下，雄蜂是没有父亲的。如史密斯(C. A. B. Smith)指出的那样，雄蜂只有一个亲代(它的母亲)、两个祖代(它母亲的父母)、3个曾祖代(因为它母亲的父亲没有父亲)、5个高祖代，依此类推成为斐波那契数列。

克拉纳(David Klarner)已经显示了把多米诺骨牌(1×2的长方形)放入2×k长方形中有多少种放法的计数法。放入2×1的长方形中有一种方法，放入2×2的长方形中有两种方法，放入2×3的长方形中有3种方法，放入2×4的长方形中有5种方法等。

请考虑一个有关斐波那契博弈的问题，这是一种前几年由加斯克尔(Robert E. Gaskell)发明的棋子移动游戏。游戏从一堆n枚棋子开始，参加者依次取走棋子。第1个参加者不能取走一整堆棋子，但是以后每一个参加者可以取走所有留下来的棋子，只要遵守如下规则：参加者每一次必须取走棋子，但是不能取走多于他的对手上一次取走数目两倍的棋子。就是说，如果一个参加者取了3枚棋子，下一个参加者不能取走多于6枚棋子。取走最后一枚棋子的人为赢家。

可以证明，如果n是一个斐波那契数，第2个参加者总是能赢；反之，第1个参加者能赢。如果开始时有20枚棋子(不是斐波那契数)，第1个参加者应取几枚棋子才能确保获胜？

第2个问题涉及一个不太为人熟悉的快速计算诀窍。你背过身去，要某个人写下两个正整数(一个在另一个的下面)，将这两个数相加得到第3个数，将第3个数写在第2个数的下面，将最后两个数相加得第4个数，继续这个过程直到得到一列共10个数。换言之，他写下了一个广义的斐波那契数列的10个数，每个数都是前两个数之和，只有开头的两个数是随机的。你转过身来，在最后一个数字下面划一条直线并立即写出这10个数的和。

秘密是将第7个数乘以11。用心算你就能容易做到这一点。假定第7个数是928。最后一个数8是这10个数之和的最后一位数。8加2等于10。把0写在和数中8的左边，把1进一位。将下一对数9和2求和为11，加上1得12。把2写在和数中0的左边，再把1进位。将进位的1和9相加得10，把10写在和数中2的左边。所得的和数是10 208。简言之，你把成对的数相加移到左边，必要时把1进位，把最后一对放到左边就结束。

你能证明一个广义的斐波那契数列的前10个数之和总是第7个数的11倍吗？

补　遗

三重斐波那契数列（1，1，2，4，7，13，24，44，81，…）是由一位天才般的年轻数学家范伯格（Mark Feinberg）命名的，他将该文发表在《斐波那契季刊》1963年10月号上，当时他只有14岁。1967年，范伯格在宾夕法尼亚大学的学业戛然中断，当时他二年级，被一场摩托车车祸夺去了生命。

在论述三重斐波那契数列的文章中，范伯格证明了当此数列增大时，相邻两个数字之比收敛于0.543 689 012 6…，即方程$x^3+x^2+x+1=0$的根。我们能够将数列推广到由四项之和形成的（四重斐波那契数），以及五项、六项之和形成的等。在所有这些数列中，相邻两项之比都收敛于一极限。随着求和项数的增加，此比的极限将变小，趋向0.5。这种推广已为巴尔（Mark Barr）在1913年左右发表（参见《迷宫与黄金分割》）。

“斐波那契记法”（在第1个问题的答案中介绍）在计算机分类技术中扮演了一个重要角色，在其中整数特别被表示为斐波那契数之和。参见我在1973年4月《科学美国人》专栏讨论的一种方法，在这种方法中，“纳皮尔算盘”（一种不太著名的计算装置是发明"纳皮尔骨头"[①]的那个人发明的)能在使用斐波那契记法时进行计算。有关斐波那契记法在玩威氏游戏(一种与斐波那契博弈类似的游戏)所用策略中起的作用,参见我1977年的专栏。有关斐波那契数列在帕斯卡三角中的出现,参见我的《沙漏与随机数》第5章。

有数以十计的公式把斐波那契数和卢卡斯数联系了起来。例如,第n个卢卡斯数等于$F_{n-1}+F_{n+1}$。F_n和L_n的乘积等于F_{2n}。下面的丢番图方程[②],

$$5x^2\pm4=y^2,$$

仅当x是一个斐波那契数且y是一个对应的卢卡斯数时才有整数解。

斐波那契数列和卢卡斯数列有共同的1和3。这两个数列还有任何更大的共同数吗？回答是否定的。参见赫希(Martin D. Hirsch)在《数学杂志》(*Mathematic Magazine*)第50卷1977年11月号第264页上关于"可加序列"的附注。

如在前面已指出的,关于斐波那契数列著名的未解决问题是它包含有限个还是无限个素数。在广义斐波那契数列中,如果前两个数能被一个素数除尽,那么数列中所有的数都能被同一个素数除尽,并且不难证明此数列包含有限个素数。如果前两个数是互素的(没有公因数),有没有不包含素数的广义斐波那契数列?

1964年11月,格雷厄姆(R. L. Graham)在《数学杂志》第57卷第322—324页的《合数的一个类斐波那契数列》一文中,第1次回答了这个问题。这样的数

① 纳皮尔骨头也称纳皮尔算筹,是一种用来进行乘法、除法计算,类似算盘的数学装置,是计算尺的前身。英国数学家、物理学家、天文学家纳皮尔(John Napier,1550—1617)发明了对数以及这一装置。这里提到的"纳皮尔算筹"大概就是文献中说的卡片算盘,由放在30只抽屉里的300张储存卡组成,现被收藏在西班牙国家考古博物馆中。——译者注

② 丢番图方程又名整系数多项式方程,是变量仅容许是整数的整数系数多项式方程。丢番图是古希腊数学家,有"代数之父"之称。他一生著有3部数学书:《算术》《论多边形》和《衍论》,其中《衍论》已失传,《论多边形》只留下了一段,《算术》是部丛书,长期以来引起了许多大数学家的兴趣。——译者注

列有无限多个，只是这种数列以或许最小的两个开头数字始于：

62638280004239857

49463435743205655

答　案

第1个问题是，当游戏开始时共有一堆20枚棋子，找出在斐波那契博弈中获胜的移动数。因为20不是斐波那契数，第1个参加者一定赢。为了决定第1次取走多少，他把20表示成斐波那契数之和，以最大可能的斐波那契数13开始，加上下一个最大可能的5，然后是2，因此有20=13+5+2。用这种方法，能把每一个正整数表示成一个唯一的和。两个相继的斐波那契数不会出现在这个表达式中。斐波那契数只能由一个数字表示，就是它自己。最后一个数字2，是第1个参加者要赢此游戏必须取走的棋子数。根据斐波那契博弈的规则，禁止第2个参加者取走比2的两倍更多的棋子，所以他不能把堆中的棋子数（现在是18枚）减少到斐波那契数13。假定他取走4枚棋子，堆中还剩14枚棋子。这等于斐波那契数13+1，所以，第1个参加者取走一枚棋子。继续这样的策略，第1个参加者一定能得到最后一枚棋子，从而赢此游戏。

如果最初的棋子数是一个斐波那契数，譬如144，第2个参加者一定能赢。诚然第1个参加者可以取出55枚棋子而剩下89枚——第2大的斐波那契数，但是随后第2个参加者可以取走所有89枚棋子，立即赢此游戏，因为89小于55的两倍。这就迫使第1个参加者只得留下不是斐波那契数的棋子数，从而第2个参加者可用我已解释过的策略取胜。[参见高德纳的《算法基础》(*Fundamental Algorithms*)1968年第493页练习No.37；惠尼汉(Michael J. Whinihan)发表在《斐波那契季刊》第1卷1963年12月号第9—13页上的《斐波那契博弈》。]

为了证明广义斐波那契数列的前10个数之和总是第7个数的11倍，令前两个数为a和b。如图3.7所示，为这10个数和它们的和，这个和显然是第7个数的11倍。注意，a和b的系数形成斐波那契数列。

1.	a		
2.			b
3.	a	+	b
4.	a	+	$2b$
5.	$2a$	+	$3b$
6.	$3a$	+	$5b$
7.	$5a$	+	$8b$
8.	$8a$	+	$13b$
9.	$13a$	+	$21b$
10.	$21a$	+	$34b$
	$55a$	+	$88b$

图3.7 斐波那契问题的答案

第 4 章

简单性

单纯，一味自然

——埃米莉·狄更生[1]

① 埃米莉·狄更生(Emily Dickinson，1830—1886)，美国女诗人。此处为诗歌《小石》中的最后两句。——译者注

狄更生女士的诗句说的是路旁一颗棕色的小石头，如果我们把此石块看作宇宙的一部分，那么完美的自然定律、各种各样复杂而神秘事件都将在微观层面上发生。在科学和数学两种意义上，"简单性"概念引发了许多深层次的、复杂的、仍然未解决的问题。自然的基本定律数量很少、很多，还是有可能无限，就像乌拉姆和其他人认为的那样？这些定律本身有简单、复杂之分吗？当我们说一条定律或数学定理比另一条简单时，到底意味着什么？有没有客观的方法可以衡量某一定律、理论或定理是简单的？

大部分生物学家，特别是那些从事大脑研究的，对鲜活生物体的巨大复杂性印象深刻。与此相反，虽然最近发现了数百种意想不到的粒子，以及粒子间的相互作用，量子理论因而变得更为复杂，但是大多数物理学家仍然强烈地相信基本物理定律具有终极的简单性。

这是爱因斯坦尤为确信的。他说："我们的经验使我们相信，自然界是最简单的，可用我们所能想得到的最为简单的数学概念来描述。"当他为他的引力理论选择张量方程时，他挑选了能起这种作用的最简单的一组，然后以完全符合"上帝不会错过使自然界变得简单的机会"（正如他曾对数学家凯梅尼[1]说过的那样)的方式发表了它们。一直有争辩说,爱因斯坦的最大成就是理智地表达了一种心理强迫行为,即梭罗[2]在《瓦尔登湖》(*Walden*)中所说的:

"简单,简单,简单啊!我说,最好你的事只两件或三件,不要一百件或一千件;不必数到一百万,半打不是够了吗,总之,账目可以记在大拇指甲上就好了。"

在米歇尔莫尔(Peter Michelmore)的爱因斯坦传记中,他告诉我们:"爱因斯坦的卧室似苦行僧般。墙上没有画,地上没有地毯……用块肥皂马马虎虎地刮刮脸。常常光着脚在家到处走动。几个月才让埃尔莎(他的妻子)理一下他的头发……大多数日子他认为不需要穿内衣。他也不穿睡衣,到后来连袜子也不穿了。'袜子有什么用?'他问道,'它们只是徒增几个破窟窿而已。'当埃尔莎看到他把一件新衬衫袖子的肘关节以下部分截掉时,再也忍不住了。他解释道,衬衫袖口一会扣上一会解开、还要频繁地洗干净——所有这一切都是在浪费时间。"

"每一事物,"爱因斯坦说,"都是腿边的一块石头。"这一说法可能直接

① 凯梅尼(John G. Kemeny,1926—1992),美国数学家、计算机科学家、教育家。著名的BASIC程序语言就是他与卡茨(Thomas E. Kurtz)共同开发的。——译者注

② 梭罗(Henry David Thoreau,1817—1862),美国作家、哲学家,他最著名的作品有散文集《瓦尔登湖》和《公民不服从》等。1845年春,梭罗在老家的瓦尔登湖边建起一座木屋,过起自耕自食的生活,并在那里写下《瓦尔登湖》。——译者注

来自《瓦尔登湖》。

自然界的腿旁似乎有许多大石块。基本定律只是在一阶近似时才是简单的；当将它们完善以解释新的观察事实时，就变得愈来愈复杂。怀特海[①]写道，指导科学家的座右铭，应该是："寻求简单性但不迷信它。"对于落体问题，伽利略选用了最简单管用的方程，但是没有考虑物体的高度和根据稍微复杂的牛顿方程所必须给出的修正。牛顿也非常相信简单性，他在呼应亚里士多德的一段文字时说："自然界喜欢简单性，但并不排斥其他各种各样的影响。"接下来，牛顿的方程被爱因斯坦修正了，今天又有物理学家——诸如迪克[②]——相信爱因斯坦的引力方程必须被某种更复杂的公式所修正。

如果由于许多基本定律是简单的，所以就认为没有发现的定律也将是简单的，这样做是很危险的。简单的一阶近似显然最容易被首先发现。因为"科学的目标是寻找复杂现象的最简单解释"（再次引自怀特海《自然之概念》第7章），所以我们容易"陷入这样的错误"——认为自然界从根本上来说是简单的，"因为简单性是我们追求的目标"。

这就是我们所能说的。科学有时候能通过创建理论来简化事物，这些理论把以前认为风马牛不相及的现象变成具有相同规律的现象——例如，在广义相对论中惯性和引力的等价。科学同样常常发现在表面上很简单的

① 怀特海(Alfred North Whitehead，1861—1947)，英国数学家、科学哲学家。下文提到的《自然之概念》(*The Concept of Nature*)于1920年出版，反映了他的形而上学见解和过程哲学的思想。——译者注

② 迪克(Robert Henry Dicke，1916—1997)，美国理论和实验物理学家。1961年，他与勃朗斯(Carl H. Brans)提出了修正爱因斯坦引力理论的布朗斯—迪克理论。在其中除了爱因斯坦引入的张量场外，还有标量场。虽然这个理论并不是主流的引力理论，但一直有人在用。1998年，发现宇宙加速膨胀、有暗能量后，这个标量场被认为可能是暗能量来源的一个候选者。——译者注

现象,如物质结构,其后面潜伏着未曾料到的复杂性。因为圆是最简单的闭曲线,开普勒(Johannes Kelper)就苦苦捍卫了行星轨道是圆形的观点许多年。当最终确信轨道是椭圆时,他把椭圆写作"大粪",他不得不用它来摆脱天文学中的一大堆大粪。这是一个精辟的论断,因为它指出了这一复杂性是在能使一个理论在整体上具有更大简单性的层面上引入的。

然而,沿着这条道路所走的每一步,似乎都会进入到一个科学家带有某些神秘性的工作中去,这种神秘性使得最简单的并能起作用的假设最容易获得成功。这里所用的"最简单的"是在严格的客观意义上说的,与人类的观察无关,无人知道如何定义它。在实用主义意义上,自然有各种方法可以使一个理论比另一个简单,但是这些方法与我们正在问的大问题没有关系。正如哲学家古德曼[①]指出的:"如果你想快些到达某个地方且有几条看上去相同的不同道路可供选择时,没有人会问你为什么挑选最近的路。"换言之,如果两个理论是不等价的——导致不同预言的——但有一个科学家认为它们似乎是同样正确的,那么他会首先检验那个他认为是最简单的理论。

在这种实用主义意义上,简单性与多种因素有关:可供使用的仪器的种类、提供资金的程度、可利用的时间、科学家和他的助手的学识,等等。而且,一个理论对一个懂数学的科学家来说也许是简单的,但对另一个对数学不那么熟悉的科学家却是复杂的。一个理论可能有简单的数学形式,但可以预言那些难以检验的复杂现象,抑或它可能是一个预言简单结果的复杂理论。如皮尔斯(Charles Peirce)指出的那样,情况也许会是这样,最先检验几个假设中貌似最不可能的那个,可能更为经济。

① 古德曼(Nelson Goodman,1906—1998),美国哲学家、逻辑学家,曾对乌鸦悖论(raven paradox)和下文中提到的绿蓝悖论(grue paradox)等著名的悖论作过深入讨论。——译者注

这些主观的和实用主义的因素在研究中明显起着作用，但是它们接触不到神秘的核心问题。深层次的问题是：当其他情况相同时，为什么最简单的假设通常是最可能的正途——最可能为将来的研究所确认？

考虑如下一个科学研究的"简单"例子。一个物理学家正在研究两个变量之间的函数关系，把他的观察值用点记录在一张图上。他不仅可以画出那些在数据点附近通过的最简单的曲线，甚至允许用简单性来否决这些数据的精确性。如果这些点都落在一条直线的近旁，他就不用画一条通过每一点的波浪线。他会假定观察值有点不太对劲，因此要选择一条并没有通过每一点的直线，并且猜测该函数是简单的线性方程——诸如$x=2y$——描述的，如图4.1所示。如果这个方程不能预言新的观察结果，他会设法选用高级一些的曲线，如双曲线或抛物线。关键是，当其他情况相同时，曲线愈简单，愈有可能是正确的。令人惊讶的是，许多基本定律是被低阶方程所表示。极端情况（最大值和最小值）下的自然界行为是简单性的另一个为人熟悉的例子，因为在这两种情况下，它们都是函数的导数等于0时的值。

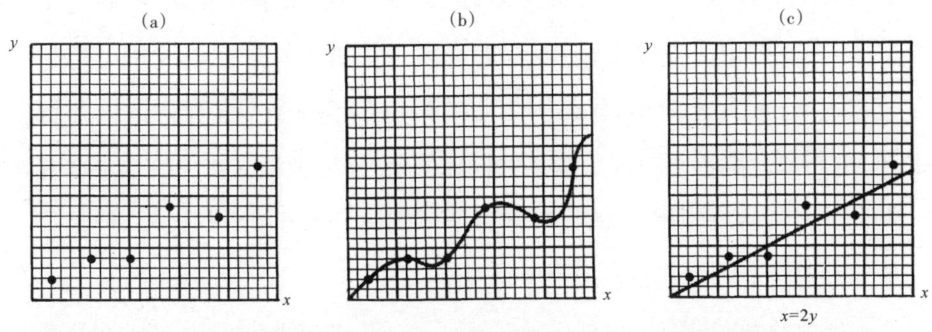

图4.1　(a)观察数据；(b)一条可能的函数曲线；(c)最可能的函数

甚至一些最复杂的、高深的理论，例如相对论和基本粒子理论，在对它们的评估中，简单性也会对数据产生影响。如果一个理论足够简单和优美，并且具有很大的解释能力，常常会使人认为它比以前的一些实验更有价值，那些实验似乎要篡改这个理论，无视这个理论。

在科学哲学中引起了一些使人最为困惑的问题是，如何定义此种特殊类型的简单性？此类简单性可能引起某个定律或理论是否正确的问题。如果能够确定，能否作出判定？科学家们往往会对这两个问题不屑一顾。他们对简单性作直观的判断，而不担心它究竟是什么。也有可能在某一天，一种衡量简单性的方法会有很大的实际价值。考虑两个能解释基本粒子所有已知事实的理论。它们预言新的观察事实的能力不相上下，但所作的预言不同。但是，这两个理论不可能都正确，也有可能都错误。如果对每一个理论都要求作一个与众不同的检验，每个检验都要花100万美元。如果简单性是用来判断某个理论是否正确的一个因素，那么能够衡量简单性就是一个明显的优点，它将使最简单的理论最先被检验。

现在还没有人知道如何衡量此类简单性，甚至还不知如何定义它。在此情况下有些东西必须最简单，但那是些什么东西呢？数一数一个理论的数学公式中有多少个项并不是个好办法，因为项数依赖于记法。同样一个公式，在一种记法中可能有10项，而在另一记法中只有3项。爱因斯坦的公式$E=mc^2$看起来简单，仅是因为它的每一字母都是某些概念的缩写符号，这些概念能够被写成包含其他概念的公式。这种情况在纯数学中也有发生。用整数表示圆周率的唯一方法是写成一个无穷级数的极限，但是写成π就把整个级数压缩成了一个符号。

把项的幂次最简化也是一种误导。一方面，诸如线性方程$x=2y$，在笛卡儿坐标中画出来是一条直线，用极坐标画出来就是一条螺线。另一方面，当方程不是多项式时，幂次最简化根本没有用。即便是多项式，你能说$w=13x+23y+132z$比$x=y^2$简单？

在比较最简单的几何图形时，简单的记号更是含糊得令人讨厌。哈特(Johnny Hart)在一本关于公元前历史的连环画中说，一个穴居人发明了一种方形的四轮马车车轮。但这种轮子有太多的角，造成了太多次的颠簸，于是他回到绘图板上，发明了一种“更简单”的三角轮子。角和颠簸次数最小化了，但是发明者依然远离最简单的轮子——没有角的圆轮。或者应该把圆轮叫作最为复杂的轮子，因为它是有着无限多个角的“多边形”？从具有更少的边和角来说，一个全等三角形要比一个正方形简单是正确的。另一方面，正方形更简单，因为以边为函数的面积公式具有更少的项。

衡量一个假设的简单性有许多方法，其中最吸引人的方法之一就是数一数它的原始概念的数目。唉，这是另一条死胡同。人们可以通过组合而人为地减少概念的数目。古德曼在他著名的绿蓝悖论中把这个问题清楚地提了出来，关于绿蓝悖论已经有了数十篇技术性的文章。考虑一个简单的定律：所有的翡翠是绿色的。现在我们引入概念“绿蓝”。绿蓝是这样一种性质，比如在2001年1月1日前观察是绿色的，而在那以后观察是蓝色的。我们陈述第2个定律：所有的翡翠是绿蓝色的。

这两条定律有着同样数目的概念。两者有着同样的“经验内容”(它们对所有的观察结果作出解释)。两者具有同等的预言能力。当翡翠在将来的任何时间被研究时，一个颜色上的错误例子就能证明任何一个假设不正确。人们更愿用第1个定律，因为“绿”比“绿蓝”简单——它不要求新理论去解释翡翠颜色在2001年1月1日的突然改变。虽然古德曼在简单性这个狭窄的方面作了比任何人都多的工作，但他仍然离最终结果很遥远，对衡量一个定律或理论的所有简单性他什么都没有说。科学上的简单性概念远不是那么简单！结果也许是，没有任何单一的衡量简单性的标准，但有着许多不同种类的衡量方法，它们都将成为一个定律或理论复杂的最终评估的一部分。

令人惊奇的是，甚至在纯数学中也出现同样的困难。通常来说，数学家们寻找定理的方式与物理学家寻找定理的方式差别不大。他们进行经验测试。在信手画凸四边形时——使用物理模型的一种实验方法——一个几何学家可能会发现，当他在一个四边形的4条边上向外作正方形，并画出连接两个相对正方形的中心的连线时，这两条线相等且相交成90°，如图4.2所示。用不同形状的四边形试验，总是得到同样的结果。现在，他悟到了一条定理。像物理学家一样，他挑出最简单的假设。例如，他不会首先去检验这两条线的长度比为1.000 07和交角是89°与91°的假定，即使这个假定可能很好地符合他不精准的测量结果。他首先检验的是两条线总是垂直和相等这一最简单的假定。他的“检验”不像物理学家的检验，而是寻求一种演绎证明，这些证明将确立这个假设的确定性。

组合理论中有着许多最简单的猜测通常是最佳猜测的类似例子。然

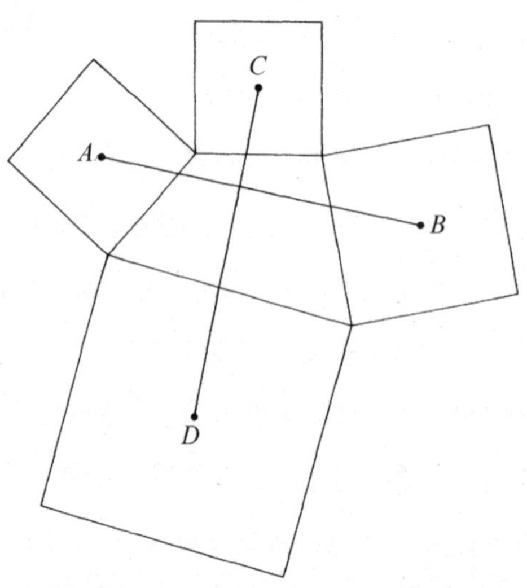

图4.2 一个“简单”的几何定理

而，如同物理世界一样，也有出其不意的。考虑下面莫泽的发现。在一个圆的圆周上取两个或更多的点，每一对被一条直线连接。当给定n点时，这个圆被分割成的区域的最大数目是多少？如图4.3所示，为圆上有2，3和4点的答案。请读者们寻找5点和6点的答案，如果可能的话找出其通式。

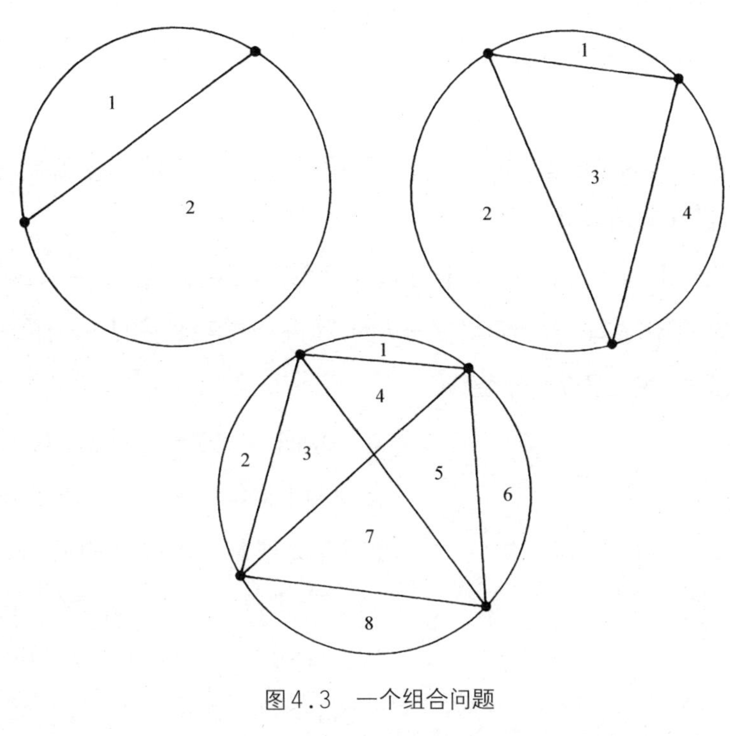

图4.3　一个组合问题

补　遗

关于在一个任意凸四边形的边上所作正方形的优美定理，称作凡·奥贝尔定理[①]。许多对我没有给出它的证明而感到失望的读者，寄来了他们自己的证

① 凡·奥贝尔定理：给定一个四边形，在它的4条边上向外侧各作一个正方形。连接相对边上正方形的中心所得的两条线段，其长度相等且相互垂直。将4个正方形的中心连起来，则得到一个正轴四边形。——译者注

明。在这里，因篇幅受限我不能给出任何一个证明，但你能在凯利(Paul J. Kelly)的文章《凡·奥贝尔的四边形定理》中发现一个简单的向量证明，该文发表在《数学杂志》1966年1月号第35—37页上。一个基于对称运算的不同证明参见亚格洛姆(I. M.Yaglom)的《几何变换》(*Geometric Transformation*，1962)第95—96页上的问题24b。

正如凯利指出的那样，这个定理可以在3个方面加以推广以使它更为完美。

1. 四边形不需要是凸的。因此，连接相对正方形中心的直线可能不相交，但它们保持相等和垂直。

2. 四边形的任何3个角或甚至所有4个角，可以是共线的。在第1种情况下，四边形退化成有一个“顶角”在一边的三角形；在第2种情况下，退化成一条有两个顶角在它上面的一条直线。

3. 四边形的一条边可以有0长度。这使两个顶角合并在同一点上，可以把这个点处理为一个0大小的正方形。

第2和第3个推广是读者小古德温(W. Nelson Goodwin，Jr.)发现的，他画出的4个例子如图4.4所示。注意，如果一个四边形的两条对边收缩为0，此定理仍然成立。可以将最终得到的线视为连接两个相对的面积为0的正方形中心的直线，它当然等于并垂直连接在另一组对边上所作的两个正方形中心的连线。

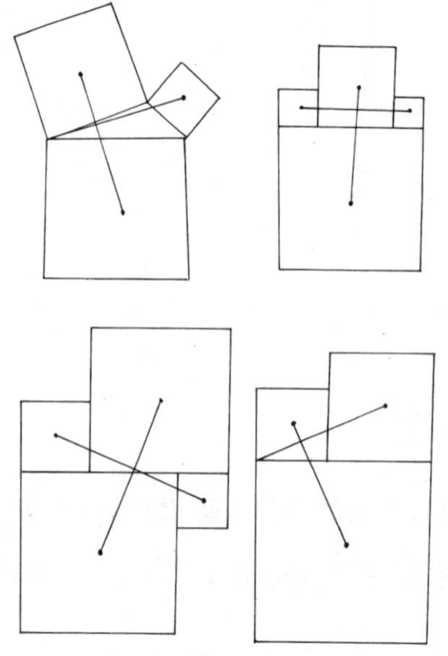

图4.4 凡·奥贝尔定理的奇特推广

答　案

莫泽的圆和点的问题是一个有趣的例子，讲的是经验归纳很容易导致纯数学试验上的错误。当圆周上有1,2,3,4和5个点时，此圆被所有两个点的连线分割成的区域的最大数目是1,2,4,8,16,…。人们可能会得出这样的结论：这一简单的倍增数列将继续下去，对应于n点的最大区域数是2^{n-1}。不幸的是，这个公式对接下去的所有点数都不正确。如图4.5所示，对于6个点的最大区域数是31而不是32。正确的公式是：

$$n+C_n^4+C_{n-1}^2。$$

式中的C_m^k是从m个物体中一次取出k个组合数（它等于$\frac{m!}{k!(m-k)!}$）。莫泽指出，这个公式给出的是在帕斯卡三角上画出的对角线左边的每一行里面数字的和，如图4.5所示。

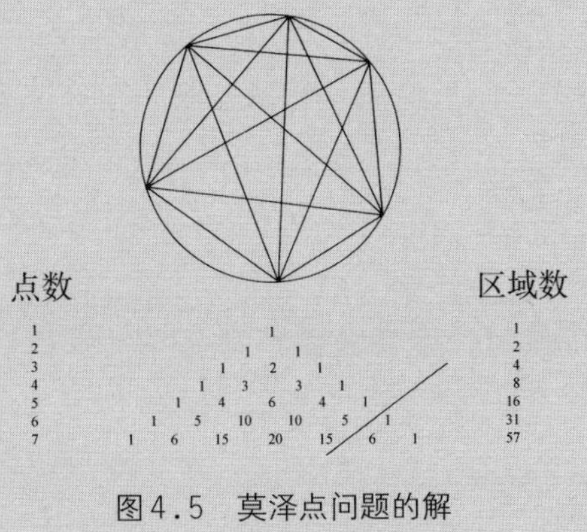

图4.5　莫泽点问题的解

把这个公式全部写出来是：

$$\frac{n^4-6n^3+23n^2-18n+24}{24}。$$

当把正整数代入n中时，此公式产生这样的数列：1，2，4，8，16，31，57，99，163，256，386，562，…这个问题是对怀特海忠告的一个极好解释，他的忠告是：寻求简单性但不要相信它。

我不能确定莫泽是在什么地方或什么时间第1次公布了这个问题，但是他在一封信中说他大约是1950年在《数学杂志》上公布的。从那时起，各种解法就在众多的书籍和期刊中出现。

第 5 章

旋转的圆桌及其他问题

1. 旋转的圆桌

1969年，经过10周的讨价还价，在巴黎召开的越南和平谈判最终决定了会议桌的形状：一张供24人等距离坐的圆桌。假定在这张桌子上放着24张写着不同姓名的座位卡，由于一时偶然的混乱，24个谈判者随机地坐下。他们没有一个人坐对了位子。不管他们是怎么坐的，是否总是可能转动圆桌，直到至少有两人同时面对他们的座位卡（即坐在正确的座位上）？

如果只有一人坐对了座位，会出现一个更困难的问题。是否总是可能转动圆桌使至少有两人同时面对他们的座位卡？

2. 单叫将国际象棋

1916年6月，《不列颠国际象棋杂志》（*The British Chess Magazine*）第36卷第426页报道了一位名叫霍普金斯（Frank Hopkins）的美国业余棋手发明了一种他称之为“单叫将”或“一次叫将获胜”的国际象棋。这种游戏的玩法与标准国际象棋完全类似，只是第1个叫将（不是将死）对方国王的棋手就赢得胜利。当美国国际象棋大师马歇尔[①]“简洁地评述说他能

① 马歇尔（Frank J. Marshall，1877—1944），1909—1936年美国国际象棋冠军，20世纪前半期世界最强的棋手之一。——译者注

使这个新游戏'玩不下去'"时，这本杂志引用了《布鲁克林每日鹰报》(*The Brooklyn Daily Eagle*)中的一篇文章，报道了"关于白棋肯定会获胜的猜疑"。霍普金斯开始不相信，直到马歇尔只是走了两个白马就迅速赢得了胜利，他才相信。除了开局走法，马歇尔没有给出他的策略，也没有对在执行致命的叫将之前白棋所走步数作解释。

1916年起，"单叫将"国际象棋已经独立地为许多棋手所采用。我是从戈洛姆(Solomon W. Golomb)那里听说的，他称之为"快棋"，这是1965年西尔弗曼从一个重新发明者那里知道了此游戏后所给的名字。回到1940年代后期，这个游戏已被一群普林斯顿大学的数学研究生重新发明，其中米尔斯(William H. Mills)那时已经发现了确实无疑是马歇尔的策略：白棋只要走马，就能在第5步棋或更早赢棋。1969年，米尔斯和索尔斯(George Soules)一起发现了移动包括马和其他棋子5步赢棋的一种不同的方法。你能不能重复马歇尔的技巧解决如图5.1所示的问题？白棋如何通过只走马就能在5步之内叫将黑棋的国王？

图5.1　白棋走5步马就叫将

通过增加附加规则,已经有一些尝试,使这个游戏更加公平。霍普金斯建议,每一个棋手用走第3列上的兵而不是第2列兵来开局。那位告诉我1916年的参考文献的萨克森,则给第1个叫将而赢棋的棋手规定步数,例如从5到10,要他走这些步来赢棋。这两个建议能不能破坏白棋的优势,我讲不清楚。

3. 猜字游戏

大约在1968年,一位名叫霍尔特(Anatol W. Holt)的喜欢发明新游戏的数学家提出了一种如下的文字游戏。两人都想好一个字母数相同的“目标词”,假定从3个字母的单词开始,当他们的技术提高时再选用更长的单词。参加者轮流说出一个符合长度的“尝试词”。对手必须回答,说出“猜中”(在正确位置上的正确字母)的数目是奇数还是偶数。第1个猜中对手目标词的为胜者。为了证明是逻辑分析而不是猜测确定目标词的,霍尔特提供了一个由参加者给出的6个尝试词的例子:

偶(Even)	奇(Odd)
DAY	SAY
MAY	DUE
BUY	TEN

如果你知道目标词,并将它与偶数列中的任何单词一个字母一个字母地比较,你将发现,在每一个尝试词中有偶数个相符字母(0也视为偶数)在与目标词相同的位置上;在奇数列中,与目标词相符的字母数是奇数。试找出目标词来。

4. 三重啤酒杯痕

由立顿工业公司[①]在加利福尼亚贝弗利山按年度出版的智力游戏丛刊《难题消遣》(*Problematical Recreations*)第7卷上提出了如下一个问题。一个人把他的啤酒杯在吧台上放了3次，产生了如图5.2所示的一组3个圆圈。他小心地使得每个圆都通过另外两个圆的圆心。调酒师认为，相互叠加部分(阴影)的面积小于一个圆的面积的$\frac{1}{4}$。而这个顾客认为，阴影面积大于圆面积的$\frac{1}{4}$。谁的猜测正确？

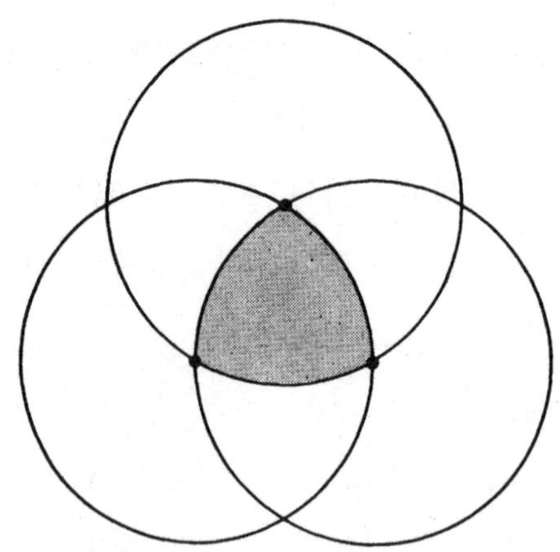

图5.2　阴影部分的面积是圆面积的几分之几

有一个方法是可先找出阴影部分内接等边三角形的面积，然后加上三角形3条边外的3个弓形面积，但这样做较为困难。这个专栏的一位读者，安大略维尔楼代尔[②]的邓恩(Tad Dunne)给我寄来一个优美的图解“看一

① 立顿工业公司(Litton Industries)于1953年成立，是以发明家立顿(Charles Litton，1904—1972)的名字命名的一家美国军工承包商，2001年被格鲁门公司(Northrop Grumman)收购。微波炉的关键部件磁控管就是该公司设计制造的。——译者注

② 维尔楼代尔，加拿大安大略省的一城市。——译者注

看、想一想”，这个解答没有几何公式，也几乎没有算术式，虽然它确实用了一种重复的墙纸图案。读者能否重新发现此解法？

5. 两方块日历

我在纽约中央车站内一个商店的橱窗里，看到一本不寻常的台历，如图5.3所示。两个方块的简单排布使得在它的正面给出日期，由此来指示今天是几号。每一个方块的各个面上有一个从0到9之内的数字，人们可以通过排列这两个方块使它们正面显示出从01，02，03到31的任何一个日期。

图5.3　方块上看不见面的数字是几

虽然还是要点技巧，不过读者确定左边方块上4个和右边方块上3个看不见的数字也不太困难。

6. 不能交叉的跳马路径

在1968年7月的《趣味数学杂志》上，亚伯勒(L. D. Yarbrough)介绍了一个关于跳马路径的经典问题的新变形，附加的规则是马不能两次跳入同一格中(除最后一步再跳入，即在某些走法中允许马回到起始的格子中去)，也不能与它自己的路径交叉(这里的路径被取作链接每一步起始和终了方格中心的一系列直线)。于是很自然引起了这样的问题:在各种大小的方形棋盘上最长的不交叉的跳马路径是多长?

如图5.4所示,是一些最长路径的例子,这是亚伯勒在三阶到八阶方形棋盘上找到的。七阶方形棋盘上的路径特别有趣。再跳入路径中很少出现这种最大长度;这是一个罕见的例外,而且还是一个四重对称[①]的路径。

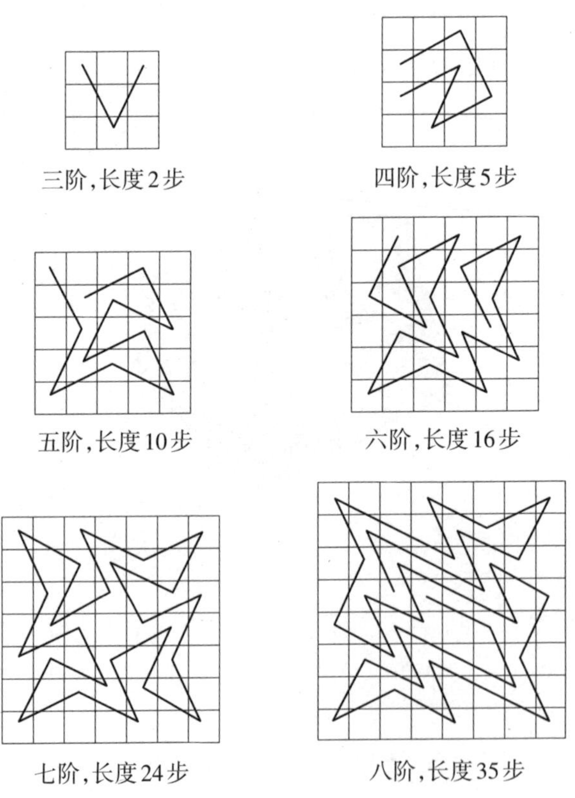

图5.4 试图延长六阶棋盘马走的路径

跳马路径不能交叉的想法引起了高德纳的兴趣。他写了一个"回溯"(backtrack)的计算机程序,发现了到八阶为止的方形棋盘上跳马的每一个

① 四重对称,即将此图绕其中心旋转90°仍与原来相同。——译者注

可能的不交叉路径。像通常一样,不把旋转和反射看作是不同的。对于三阶棋盘,计算机发现了两条路径,四阶棋盘5条、五阶棋盘4条、六阶棋盘1条、七阶棋盘14条、八阶(标准)棋盘4条。在6×6棋盘上只有唯一的1条是最令人吃惊的,这也向我们提出了问题。只有在六阶棋盘上,亚伯勒未能给出最长的不交叉路径。他的路径是16步长,但是在此棋盘上有一个17步的不交叉路径。读者们,发挥自己的聪明智慧来挑战计算机,看看能不能发现长度为17步的路径。

7. 两个罐问题[①]

概率理论家喜欢用从罐子、匣子、袋子等容器中取出不同颜色的相同物体之类的问题来说明一些定理。此类问题,即使最简单的也能令人困惑。例如,卡罗尔(Lewis Carroll)[②]的《枕头问题》(*Pillow Problems*)的第5题:"一只口袋里有一个筹码,只知道它要么是白色的,要么是黑色的。放入一个白色的筹码,并将口袋摇动,然后摸出一个筹码,这个筹码是白色的。问现在再摸出一个白色筹码的机会是多少?"

"初一看,"卡罗尔回答说,"情况将是,在此口袋中进行了上述操作后的状态,应该与操作前的状态是等同的,即机会是 $\frac{1}{2}$ 。但是这是错误的。"

接着,卡罗尔证明了一个白色筹码留在口袋中的概率是 $\frac{2}{3}$,但他的证明有点儿长。一位芝加哥的读者埃利斯(Howard Ellis)以不同的方法作了证明。以B和W(1)代表在一开始时就在口袋中的黑色或白色的筹码,W(2)代

① 在概率论和统计学中,罐问题是一个理想化的想象试验。在罐或其他容器中放有不同颜色的弹珠,通过从中摸出弹珠来确定取出特定颜色弹珠的概率或其他性质。——译者注

② 卡罗尔是笔名,本名为道奇森(Charles Dodgson,1832—1898),英国作家、数学家、逻辑学家。著名童话《爱丽丝漫游奇境记》《爱丽丝镜中奇遇记》的作者。——译者注

表加进去的白色筹码。摸出一个白色筹码后,有3种同等可能的状态:

口袋中	口袋外
W(1)	W(2)
W(2)	W(1)
B	W(2)

这些状态中有两种是一个白色筹码留在口袋中,所以第2次摸出一个白色筹码的机会是$\frac{2}{3}$。

新近提出的一个这种类型的问题,有一个更为令人惊奇的答案,它以一只装有不知数目的黑色筹码和不知数目的白色筹码的口袋开始(每种颜色至少有一个筹码)。按如下步骤摸出筹码。随机摸出一个筹码,然后丢弃。随机摸出第2个筹码,如果它与前一个颜色相同,丢弃。摸出第3个筹码,如果它与前两个摸出的筹码颜色一样,也丢弃。继续进行下去,筹码的颜色只要与第1个相符,就丢弃。

不论何时,摸出的筹码颜色与前一个不同,就放回到口袋中去,并将口袋摇动,整个过程重新开始。

为了看得清楚,这里有一个前10次摸取的可能样本:

1. 第1个筹码是黑色。丢弃。
2. 下一个筹码是黑色。丢弃。
3. 下一个是白色。放入口袋,重新开始。
4. 第1个是黑色。丢弃。
5. 下一个是白色。放入口袋,重新开始。
6. 第1个是白色。丢弃。
7. 下一个是白色。丢弃。
8. 下一个是黑色。放入口袋,重新开始。

9. 第1个是黑色。丢弃。

10. 下一个是白色。放入口袋,重新开始。

令人惊奇的是,不管开始时白色对黑色筹码的比例是多少,最后一个留在口袋里的筹码为黑色的概率是固定的。此概率是多少?

8. 10道快速题

1. 用一个7分钟的沙漏和一个11分钟的沙漏,为花15分钟煮一只鸡蛋进行计时,最快的计时方法是怎样的[取自弗尔夫斯(Karl Fulves)[①]]?

2. 假如一个人开车旅行5000千米,车内只有一只备用轮胎。他轮流使用轮胎,到旅行结束时每只轮胎的使用里程数都相同,那么每只轮胎的使用里程数是多少?

3. 把一副52张牌的标准扑克牌进行洗牌和切牌,且是完整切牌。记下顶上一张牌的颜色,将它重新放在顶上,再切这副牌,也是完整切牌。再次记下顶上那张牌的颜色。这两张牌具有相同颜色的概率是多少?

4. 找出一种除10以外的数基,在其中121是一个完全平方数。

5. 画出6条等长的线段,用它们构成8个等边三角形。

6. 假定不能用圆规和直尺三等分一个角,证明在倍增级数1,2,4,8,16,32,…中没有一个数是3的倍数[取自威克斯(Robert A. Weeks)]。

7. 一农夫有20头猪、40只牛、60匹马。如果你把牛称作马,他到底有几匹马(取自奥贝恩)?

8. 翻译:"他从2222222222222人说起。"

9. 一个希腊人生于公元前40年,死于公元40年。他究竟活了多少年?

10. 一个女人要么总是回答真话或假话,要么真话、假话交替回答。在

① 弗尔夫斯,美国魔术师、作家和魔术出版物编辑。——译者注

两个问题中，每一个回答都是"是"或"否"，你能否确定她是一个讲真话者、说谎者，还是一个改变主意者？

答　　案

1. 如果环绕一张圆桌等距离地坐了偶数个人，用座位卡表明他们位置，那么不管他们是怎么坐的，总能够转动圆桌最终使得两个或更多的人坐在正确的座位上。需要考虑两个初始情况：

a. 没有人坐在正确的座位上。有一个基于数学上称作"鸽巢原理"的简易证明：如果将n个物体放置在$n-1$个鸽巢内，至少有一个巢必须容纳两个物体。如果桌子周围坐了24人，且每个人坐的座位都不对，那么用一个恰当的转动把一个人转到他面对座位卡，这对每个人显然都是可能的。现在有24个人，而圆桌只剩下23个位置，因而至少有两个人一定会坐在正确的新位置上。不论座位数是奇数还是偶数，都能应用这个证明。

b. 有一人坐的座位是正确的。我们的任务是证明，转动这张桌子至少可使两人正确入座。这个证明可以简洁地陈述，但是有一定的技术性，并且要求具备一种特殊记法的知识。这里给出了一个较为冗长的证明，但容易理解。它是以读者们提供的、数以十计的类似证明为基础的。

我们所用的证明方法是归谬法。我们首先假定转动此桌使至少有两个人正确入座是不可能的，然后指出这个假定将导致矛盾。

如果我们的假定成立，这张桌子没有一个位置能让所有人都

坐错，因为这与上面讨论的一个人的情况相同，我们已用鸽巢原理处理过了。这张桌子有24个座位且有24个人，因而在这张桌的某一个座位上总有一人坐对。

假定只有安德森坐在正确的座位上。对于每个人都有一个"位移"数表明他在顺时针方向上距离正确位置有几把椅子。安德森的位移数是0。有一个人将被位移一把椅子，另一人移动两把椅子，另一人移动3把椅子等，直到一个人要移动23把椅子。很显然，没有两个人具有相同的位移数。要是有的话，那么转动这张桌子把两人同时带到正确座位是可能的——这是被我们的假定所排除的一个可能性。

假如史密斯坐错了座位。我们绕此桌子逆时针数椅子直到史密斯的座位卡那里，这个数是史密斯的位移数。现在考虑琼斯，他正坐在史密斯应该坐的那个座位上。我们继续逆时针地数椅子到琼斯的座位卡处。这个数是琼斯的位移数，但琼斯的座位卡处坐着的是鲁宾逊。我们逆时针地数到鲁宾逊的座位卡处，如此等等。我们数下去，最后回到了史密斯那里。如果史密斯和琼斯彼此坐在对方的座位上，经过这两人轮转后——即带我们沿桌子兜了一圈，已经回到了史密斯处。如果史密斯、琼斯和鲁宾逊相互都坐在其他两人的座位上，经过3次位移数的轮转后，就回到史密斯处。这样的轮转可以包含从2到23的任何人（不包括安德森，因为他已经坐在正确的座位上），但是最后，经过绕此桌子整数圈后，这个过程将回到开始出发计数的那个位置。因此，在轮转中所有位移数之和除以24的余数必须是0——即此和必须精确地是24的整数倍。

如果由史密斯处开始的轮转没有遍及所有23个坐错座位的人，那么就要另挑出一个不坐在自己座位上的人，然后进行同样的步骤。如同前面一样，经过一整数倍的轮转后，这样的数座位最终必须回到出发之处。因而，在此轮转中位移数之和也是24的倍数。经过一个或几个这样的轮转后，我们就数出了每个人的位移数。因为每一次轮转计数是24的倍数，所以所有轮转的计数之和也是24的倍数。换言之，我们已经指出了所有位移数之和是24的倍数。

现在有矛盾了。位移数是0,1,2,3,…,23，此数列之和是276，而它并不是24的倍数。这个矛盾迫使我们放弃原来的假设，而得到至少有两人具有相同位移数的结论。

这个证明可以推广到具有偶数椅子的任何桌子。0+1+2+3+…+n的和是

$$\frac{n\,(n+1)}{2},$$

它只有当n为奇数时才是n的倍数。这样一来，这个证明就不能推广到具有奇数把椅子的桌子。

雷比茨基(Georgy Rybicki)解决了此类问题的推广。假定与我们所希望证明的相反命题正确。令n为偶数个人数目，并将每个人的名字“以座位卡沿桌子排列的数目用从0到$n-1$的一个整数来代替。如果一个由d代表的人一开始坐在座位卡为p的位子上，桌子必须转过r步，他才能坐到正确的座位上，这里$r=p-d$，除非这是

个负数，在这种情况下$r=p-d+n$。显然，代表每个人的d(p也是)的值的集合是整数0到$n-1$，一个只取一次，而且这也是r的值的集合，否则两人就将同时坐在正确的座位上。将上面的方程求和，对每个人一次，给出$S=S-S+nk$，这里k是整数，而$S=\frac{n(n-1)}{2}$是从0到$n-1$整数之和。由(根据代数)$n=2k+1$，可得($p-d$为负的次数)一个奇数。"这是和原来的假设相矛盾的。

雷比茨基写道："几年前，我实际解决了这个问题，那是一个不同的但完全等价的问题，即把不能吃子的'八皇后'问题[①]推广到圆柱形棋盘，在圆柱形棋盘上对角线吃子被限制，只能在一个斜线方向上才可以。我证明了这对于任何偶数阶的棋盘是不可解的。上面是把我的证明转变到圆桌问题中去。顺便提一下，如果允许使用模为n的同余关系，这个证明还会容易一些。"

高德纳要大家注意圆桌问题和皇后问题的等价性，并且引用了波利亚的一个更早的解法。有几位读者指出，当人数为奇数时，一个可以防止一人以上坐在正确座位上的简单安排是，让他们以座位卡的顺序逆时针入座。

2. 白棋如何只用他的马在5步或者5步以内赢一局"单叫将"棋?

---

① 八皇后问题是德国国际象棋排局家贝瑟尔(Max Bezzel，1824—1871)1848年提出的一个问题，即怎样在 8×8 的棋盘上放置8个皇后，使得任何一个皇后都无法直接吃掉其他皇后。因为皇后可以直走和斜走，所以任何两个皇后都不能放置在同一条直线或斜线上。八皇后问题还可以推广为更一般的n皇后问题，即把棋盘的大小变为$n×n$，皇后也变为n个。许多数学家研究过这个问题，如高斯等。——译者注

开始的走步必须是N(马)到QB3。因为这有几种不同方法可以在两步以内叫将,黑棋被迫挺兵以让他的王可以移动。如果他挺后前面的兵,N–N5将迫使黑棋的王到Q2,然后N–KB3导致白棋第4步就叫将。如果黑棋移动王—象前面的兵,N–N5导致第3步就叫将。黑棋因而必须挺他的王前面的兵,如果他向前挺两步,N–Q5防止黑棋的王移动,白棋在第3步就获胜。因而,黑棋仅有的好的走法是P–K3。

白棋的第2步棋是N–K4。黑棋被迫走他的王到K2。白棋第3步是N–KB3,虽然有多种方法,但都无法阻止白棋在第5步或以前叫将。如果黑棋试图走P–Q3、P–KB3、Q–K1、P–Q4、P–QB4或N–KB3,白棋走N–Q4且在下一步获胜。如果黑棋试图走P–K4、P–QB4或N–QB3,白棋走N–KR4就能在下一步赢棋。

1969年,米尔斯发现白棋以N–QR3开局也能5步叫将。黑棋必须挺王前的兵向前一或两格。N–N5迫使黑棋的王到K2。白棋第3步是P–K4,根据黑棋的第3步,白棋随后走Q–B3或Q–R5,使得在第5步叫将。

另外两种导致第5步叫将的开局也为米尔斯和索尔斯所发现,它们是P–K3 和P–K4。对于大部分黑棋来说,走Q–N4将导致3步叫将。如果黑棋第2步走N–KR3或P–KR4,Q–B3导致第4步叫将。如果黑棋第2步走P–K3,白棋走Q–R5。黑棋必须走P–KN3,接着的Q–K5是一个花招(黑棋的Q–K2将遇到Q取QBP,B–K2遇到Q–N7,N–K2遇到Q–B6)。如果黑棋第2步走N–KB3,白棋的N–QR3迫使黑棋挺他的王前兵一或两步,然后N–N5迫使黑棋移动

他的王向前一步，而Q–B3导致下一步叫将。

西尔弗曼曾经提出，还有另一方法使得单叫将棋可供娱乐。赢者要首先用一枚不能被吃掉的棋子叫将。迄今为止，我还不知道哪一个棋手总能赢棋，如果双方都以最好的方式下棋的话。

3. 为了确定目标词，标记6个尝试词如下：

偶(Even)	奇(Odd)
E1 DAY	O1 SAY
E2 MAY	O2 DUE
E3 BUY	O3 TEN

E1和E2表明目标词的第1个字母不是D或M，否则对这两个词的奇偶性就不相同。E1和O1表明目标词的第1个字母是D或S，否则这两个词的奇偶性就不会不相同。第1个字母不能是D，故只能是S。

因为第1个字母是S，因而E2和E3的第1个字母是错误的。两者结尾都是Y，因而目标词的第2个字母不能是A和U，不然的话E2和E3不能有同样的奇偶性。知道了U不能是第2个字母和D不能是第1个字母，O2表明目标词的第3个字母是E。现在已知道目标词以S开头和以E结尾，O3表明E是第2个字母。所以目标词是SEE。

4. 3个交叉的圆，每一个通过另外两个的圆心，可以在平面上形成如图5.5所示的墙纸图案。每一个圆是由6个三角状的图形(D)和12个香蕉状的图形(B)组成。因而，圆面积的$\frac{1}{4}$必须等于一个半三角状与3个香蕉状图形的面积之和。而3个相交圆的公共部分(图中的阴影部分)由3个香蕉状和一个三角状图形组成,所以它比$\frac{1}{4}$的圆面积小半个三角状图形的面积。计算表明,交叠部分的面积比圆面积的0.22倍稍微多一点点。

图5.5 相交圆问题的解答

5. 每一个方块必须有一个0,1和2,只剩下7个数字供6个面用,幸好6和9可以用同一个面,只看你如何转动方块。右边方块显示了3,4,5,所以看不见的面上的数字一定是0,1和2。左边方块上能看到的是1和2,所以看不见的一定是0,6或9,7和8。

辛格尔顿(John S. Singleton)从英国来信说,他已经在1957年8月申请到了两方块日历的专利(英国专利号831572),不过会让此专利在1965年失效。此问题的一个变形,是由3个方块提供每个月的缩写,请看《科学美国人》1977年12月我的专栏。

6. 如图5.6所示,为6×6棋盘上的唯一一条最长的不交叉的跳马路径。对于更高阶的方形棋盘上以及长方形棋盘上的相似路径,请看《趣味数学杂志》1969年7月号第154—157页。

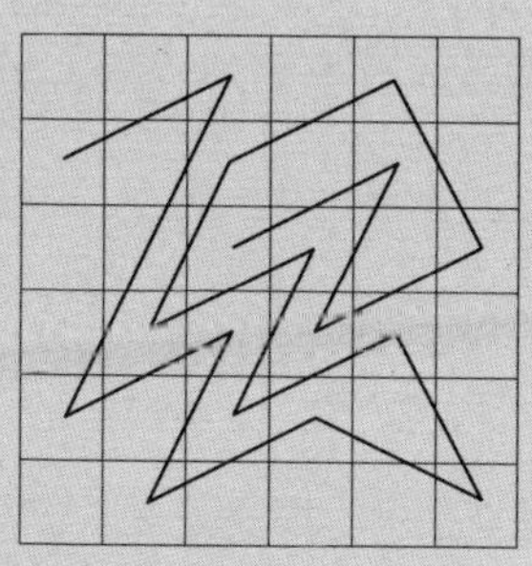
图5.6 六阶，长度17步

7. 问题是说，如果按某种步骤从一只容纳未知混合比例的黑白筹码的口袋中摸出筹码来，最后一个留在口袋里是黑色筹码的概率是固定的。如果这是真实的，那它对每一种颜色必须都是一样的。因此，此概率是$\frac{1}{2}$。

虽然该讨论已经回答了这个问题，但仍然还有任务要证明这个概率实际是固定的。该问题可用归纳法来做，从两颗弹珠开始，再推广到3颗、4颗等，或者直接这样做。不幸的是，这两种证明写出来都太长了，因此我只能请读者去参考奥克利(B. E. Oakley)和佩里(R. L. Perry)发表在《数学公报》(*The Mathematical Gazette*) 1965年2月号第42—44页的《抽样过程》，该文给出了一个直接证明。

可以对这个解的推广匆忙地得出一个结论：如果此口袋装有n种颜色混合的筹码，则口袋中剩下的最后一个具有特定颜色筹码概率是$\frac{1}{n}$。很不幸，情况不是这样的。佩里在他的一封信中指出，如果口袋中有两个红色、一个白色和一个蓝色的筹码，最后剩下红色、白色或蓝色筹码的概率分别为$\frac{26}{72}$，$\frac{23}{72}$和$\frac{23}{72}$。

8. 这10道快速题的答案如下：

(1) 当把鸡蛋放入沸水中时，开启7分钟和11分钟的沙漏。当7分钟沙漏中的沙流尽时，将它倒转。当11分钟沙漏中的沙流尽时，把7分钟沙漏再次倒转。当7分钟沙漏的沙再次流尽时，鸡蛋刚好煮了15分钟。

以上的解答是最快的，但需要倒转沙漏两次。当这个问题第1次出现时，我没有考虑"最简单"的解，而是想用时最短的解。有几位读者注意到下面的一个解，这个解用时长一些(22分钟)，但因只倒转一次而"更简单"。一起打开两只沙漏，当7分钟的沙漏漏完时，把鸡蛋放入沸水中。当11分钟沙漏漏完时，把它倒转过来。当它第2次漏完时，鸡蛋已经煮了15分钟。如果你喜欢此类问题，这里有一个稍微难一些的同类问题，取自戴因斯曼(Howard P. Dinesman)的《高级数学趣题》(*Superior Mathematical Puzzles*, 1968)：用一个4分钟沙漏和一个7分钟沙漏，测量9分钟煮蛋的最快方法是什么？

(2) 每一只轮胎使用了总时间的$\frac{4}{5}$。因而每只轮胎使用了5000千米的$\frac{4}{5}$，即4000千米。

(3) 不管第1次切牌时那张牌的颜色是什么，这张牌不可能是第2次切牌后顶上的牌了。第2次切牌后是在51张牌中随机挑选一张牌，其中有25张与第1次选定的牌颜色相同，所以两张颜

色相符的概率是$\frac{25}{51}$,即比$\frac{1}{2}$稍微小一些。

(4) 121在数基大于2的所有记数法中,都是完满平方数。一个快速证明是观察在任何记数法中11乘11有一个121的积。欣斯特德(Craige Schensted)指出,恰当地定义"完全平方数"后,121甚至在基于负数、分数、无理数和复数的记数系统里也是一个平方数。"虽然数基可能没有被取遍,我想你也是感到足够了,所以我就此打住。"他得出结论说。

(5) 如图5.7所示,是我对这个问题的回答。右边是第2个解答,由读者克梅勒(Harry Kemmerer)和雷夫希尔(Gary Rieveschl)独立发现。

图5.7 用6条线作8个三角形

(6) 任何角都能用圆规和直尺平分。根据累次平分,我们能够把任何一个角分成2,4,8,16,…个相等部分。如果这个数列的一个数是3的倍数,则累次平分显然允许用圆规和直尺三等分这个角。因为这已被证明是不可能的,所以在此倍增级数中没有一个数能被3整除。

(7) 农夫有60匹马。因为把牛称作马并不能使它变成马。

阿佩尔(John Appel)和罗森布鲁姆(Daniel Rosenblum)是最先告诉我这一版本的关于亚伯拉罕·林肯[①]的笑话。林肯有一次问一个人,此人一直在争辩说奴隶不是奴隶而只是保护的一种形式。他问,如果你把狗的尾巴称作腿的话,狗有几条腿。林肯的答案是4条腿,因为把尾巴称作腿并不能使它成为一条腿。

(8) 我给出的回答是:“He spoke from 22 to 2 to 2:22 to 2222 people”。读者寄来了其他的翻译法。小艾森德斯(David B. Eisendrath, Jr.)写道,如果一个人曾被称为上校,暗示他有段时间是在军队里,此翻译是“He spoke from 22 to 22 to 22:22 to 22 people”。

(9) 这个希腊人活了79年。因为没有公元0年。

(10) 问这位妇人“你是一个改变主意的人吗”两次。两次的回答都是“否”,证明她是个说真话者;两次的回答都是“是”,证明她是个说谎者;回答一次“是”一次“否”或一次“否”一次“是”,证明她是个改变主意者。

在得出上面的回答后,几位读者寄来了如下的解答。以下是我从小克劳瑟(Joseph C. Crowther, Jr.)的信中引用的:

① 亚伯拉罕·林肯(Abraham Lincoln,1809—1865),美国第16任总统。

如果你简单地问两个明显正确的问题，诸如“你有两只耳朵吗”或“水是湿的吗”，也能发现这位妇人的倾向。说真话者两次的回答都是“是”，而说谎者两次的回答都是“否”。改变主意者不仅一次说一个，而且她说这两字的次序将确定她碰巧改变的是什么主意，这一事实在进一步的对话中经证明是有用的。

小塞弗特(Ralph Seifert, Jr.)寄来了一个只提一个问题的解答，那是他的朋友佐恩(M. A. Zorn)给出的。“如果有人问你同样的问题两次，你能虚假地回答一次‘否’吗?”说真话者将说“否”；说谎者将说“是”；改变主意者是如此毫无希望地迷惑不解，以至她不能回答。

第 6 章

太阳系趣闻

沿着古老的轨道行进，井井有序
不可更改的法则统治着这支军队。

——梅瑞狄斯[①]，

《星光中的撒旦》(*Lucifer in Starlight*)

① 梅瑞狄斯(George Meredith，1828—1909)，英国维多利亚时代诗人，小说家。——译者注

像其他科学一样，天文学有着一些古怪的僻径，人们可能会为其中的某些数学问题带有消遣性而困惑不解。在本章中，我们来迅速巡视一下太阳系，关于太阳系现在已经有了许多令人吃惊的新发现。此外我们还要考虑一些有趣的数学问题，这些问题起源于对沿着轨道运行的太阳家族的结构进行思考的历史。

先来谈一点历史背景。认为所有的古代人都相信地球是平的而且是宇宙的中心，这是一个普遍的误区。例如，希腊的毕达哥拉斯学派就教导说地球是圆的，而且在旋转。天体系统的中心不是太阳而是明亮耀眼的中心火，太阳只是反射中心火，就像我们的月亮（如我们所知的）从太阳“抢得”了“苍白无力的火”（用莎士比亚的说法）。地球、太阳、月亮和其他5个已知的行星处在围绕中心火的圆周上。因为地球总是保持它无人居住的一面对准中心火，所以我们永远看不到这团火。亚里士多德认为，毕达哥拉斯学派狂热地迷恋三角形数[①]10（1、2、3、4之和），这使得该派成员加上了名叫“反地”

---

① 三角形数是指用这些数目的小圆圈可以等距离地排列成一个等边三角形。前10个三角形数是1、3、6、10、15、21、28、36、45、55。——译者注

的第10个天体，反地[①]也是永远不会被地球上的人看见的，因为它的轨道处在地球和中心火之间。公元前3世纪，希腊天文学家、萨摩斯岛的阿利斯塔克(Aristarchus)[②]，提出了真正的日心模型——所有的行星都位于围绕太阳的圆周上，但他的关于这个问题的论著已经遗失，人们只是从阿基米德的评述中才得知。

然而，主宰希腊天文学和中世纪科学的是亚里士多德的地心模型：一个静止的圆球形地球位于宇宙的中心，包括星星在内的所有其他天体环绕地球运动。亚里士多德对地球的圆球形状有一个较早的极佳辩解。月食时，地球在月亮上影子的边缘是圆形的，对此的最好解释是地球是圆球形的。公元2世纪，托勒玫的模型是亚里士多德模型的精致化，是考虑了看得见的5颗行星在天空中古怪的路径而设计出来的。其诀窍在于，行星在绕地球的大圆轨道上运动的同时，还在一个叫作本轮的小圆上运动。这个模型完全能够解释天体的视运动，包括由于椭圆轨道引起的行星和月亮的不规则运动，只要放置足够的本轮并允许天体沿着它们以不同的速度运动。

但是我们知道，经过在伽利略遭受迫害时达到高潮的长期论战后，16世纪波兰天文学家哥白尼的日心模型最终胜出。据说，人们有时候会对日心说因其更简单优美而获胜的说法有争议。库恩(Thomas S. Kuhn)甚至走得更远，他否认哥白尼模型更简单或者从观测上来说更准确。他在《哥白尼革命》(*The Copernican Revolution*)一书中写道："……对日心天文学的真

① 反地(antichthon)是一个假想天体。毕达哥拉斯学派认为，太阳家族是由中心火、地球、太阳、月亮和5颗行星这9个天体组成，中心火位于中心，其他天体绕中心火运行。太阳的轨道在地球的外面，一年绕中心火转一圈。地球24小时绕中心火转一圈，但永远看不到中心火。太阳把中心火的光反射到地球上。由于迷恋三角数10，所以引进了第10个天体——反地。这是一个非地心说的宇宙模型，但也不是日心说。——译者注

② 阿利斯塔克(约公元前310年—前230年)，古希腊天文学家、数学家。出生在古希腊的萨摩斯岛上，故被称为萨摩斯岛的阿利斯塔克。萨摩斯岛是希腊的第9大岛。——译者注

正吁求，是审美学上的而不是实用上的。对天文学家来说，最初在哥白尼体系和托勒玫体系之间作选择可能仅仅是审美口味的原因……”

不过，库恩是错误的。哥白尼本人指出了许多天文观测事实，他的理论解释要比托勒玫的简单得多，因此其理论的优越性并不在于“口味”。当然，哥白尼理论后来解释了大量的各式各样天文学现象，诸如地球赤道的隆起，那是托勒玫理论不能做到的。[关于这点，参见霍尔(Richard J. Hall)的《库恩和哥白尼革命》《不列颠科学哲学杂志》(*British Journal for the Philosophy of Science*)1970年5月号第196—197页。]

关于这段摇摆不定的历史最后的意外进展是随爱因斯坦的广义相对论而来的。如果这个理论是正确的，就没有相对于固定空间的绝对运动，也就没有“优先的参考系”。可以假定地球是固定的，甚至不转动，并且相对论的张量方程可以解释一切。地球的腰部“肥胖”不是惯性力的缘故，而是因为旋转的宇宙产生的引力场引起的隆起。因为所有的运动都是相对的，选择日心模型而不是地心模型是由于前者对于太阳系来说更为方便。我们认为地球转动是因为让宇宙成为一个固定的惯性系，要比让它以特殊的方式旋转和移动不知要简单多少倍。这并不是说日心理论“更正确”。事实上，太阳本身也是运动的，也不意味着它是宇宙的中心，如果宇宙确实有中心的话。仅有的“真实”运动是地球和宇宙的相对运动。

这种关于参考系的任意性变成了饶有趣味的争论，依然出现在客厅交谈中。月亮环绕地球作圆周运动，就像在毕达哥拉斯模型中地球绕中心火运动一样，所以月亮总是保持同一面对着地球。这激发起了大大小小的诗人和天文学家的兴趣。勃朗宁[①]的《还有一句》(*One Word More*)把月亮的

① 勃朗宁(Robert Browning，1812—1889)，英国诗人，剧作家。他的戏剧独白诗使他成为维多利亚时代最著名的诗人之一。——译者注

两面比喻为每个男人“灵魂”的两面：“一面对着世界，一面显示给他当时所爱的那个女人看！”戈斯[①]声称他的管家写了如下不朽的四行诗[②]：

啊！月亮，我凝视你美丽的脸庞，
向着空间边缘一路猛闯，
有个想法常浮我的脑中，
我终将一睹你隐藏在后的容芳。

月亮隐藏其背后一面的嗜好引起了如下的简单问题。月亮在绕地球运行时是否在“自转”？一位天文学家会说是的，每公转一周也自转一圈。但让人难以置信的是，这个论断激怒了一些有理智的人，他们（通常花费他们自己的钱）出版冗长的小册子争辩说月亮根本不自转（其中几篇文章，德摩根在《悖论集》中讨论过）。甚至伟大的开普勒[③]也宁愿考虑月亮是不旋转的，他将月亮与固定在一根细绳上并缠绕在头上的一只球相比较。他解释说，太阳旋转，把运动传给了它的行星；地球旋转，把运动传给了月亮。因为月亮没有比它自己更小的卫星，故它不需要再旋转。

月亮旋转的问题与我在《幻星与立方体》中讨论的硬币谜题基本上是相同的。如果你让一枚硬币绕一枚固定的硬币运动，保持两枚硬币的边缘

---

① 戈斯（Edmund Gosse，1849—1928），英国诗人、作家和文学评论家。——译者注

② 四行诗（Quatrain）又称四行连句，是欧洲常见的一种诗歌形式。每一首诗有4行，有一定的押韵规则。——译者注

③ 开普勒（Johannes Kepler，1571—1630），德国天文学家、数学家，提出了著名的开普勒三大定律，由此导致牛顿发现万有引力定律。——译者注

相接触以防止发生移动，则这枚运动的硬币转动一周时自己也旋转了两周。

《科学美国人》的一位编辑维斯诺夫斯基(Joseph Wisnovsky)使我注意到关于这个问题的一场激烈争论，这一争论在该杂志的通讯栏中风行了几乎3年。1866年，一个读者问："一个轮子绕一个同等大小的固定轮子运动一周，它绕自己的转动轴转了几圈？""一圈。"该编辑回答。不同意此结论的读者来信连续不断。《科学美国人》第18卷1868年第105—106页上刊登了一封从半麻袋来函中挑出的、支持转两圈观点的信。接下来，该杂志连续3个月刊载了"一圈主义者"和"两圈主义者"两方面的信函，包括一些他们已经制作和寄来的、用以证明他们主张的精致机械装置的雕刻件。

"如果你把一只猫绕你的脑袋转动，"一位一圈主义者勃洛弗(H. Bluffer)在1868年3月1日攻击月亮的旋转时写道，"它的头、眼睛和脊椎一一都绕它自己的轴旋转……？它会在转第9圈时死掉吗？"

1868年4月，信函的容量达到如此比例，迫使编辑们声明放弃这一题目，但是将在另一本新的月刊《轮子》(*The Wheel*)中继续讨论。这本期刊至少出版了一期，因为在《科学美国人》1868年5月23日的一期上通知读者可以在报摊上买到《轮子》或者寄25美分来邮购。可能这场论战是编辑们安排的。很明显，没有比一个人如何选择定义"绕它自己的轴旋转"更能引起争论的了。对于一个处在固定硬币上的观察者来说，这个运动的硬币转了一圈。对于一个从上面向下看的观察者来说，它转了两圈。月亮不是相对于地球转动，而是相对于星星转动。假如一个硬币的半径是固定硬币的一半，当它绕固定硬币转了一周(相对于作为观察者的你)，你能不能不用模型就确定该硬币自己旋转了几圈？

一个关于水星的与月亮自转同样可笑的问题，从1890年到1965年一直在被提及。意大利天文学家斯基亚帕雷利[①](首先画出火星上荒谬的灌溉河道地图的那个人,他自以为看到了那颗行星上一些纵横交叉的直线,从而画出了这些地图)在1880年代后期,声称他的观测证明水星总是保持同一面向着太阳。换言之,水星在它88天绕太阳运行一周期间,自己也自转了一圈。在以后的75年里,其他一些杰出的天文学家数以百计次的观测肯定了这一点。因为水星没有大气传热,所以假设它被照亮的一面温度永远高达370 ℃—430 ℃,而黑暗的一面永远接近绝对零度。"水星具有巨大的温差,"晚至1962年,霍伊尔[②]写道,"它不仅有着整个行星系统中温度最高的地方,也有温度最低的地方。"

水星热和冷的两面之间,当然有一个永远是晨昏朦影的环形带,并可假设那里的气温温和得足以支持生命存在。这个想法长期迷住了一些科幻小说作家。1951年,在考克斯(Arthur Jean Cox)的故事《晨昏朦影的行星》(*The Twilight Planet*)中,一个水星的访问者说:"晨昏朦影,总是晨昏朦影。日历告诉你,时钟也告诉你,日子一天天过去了。但是时间,主观的时间,却被微妙地冻结在半途。峡谷是影子的海洋,阴影像潮水一样拍打着山岩之滨。"在西尔弗伯格(Robert Silverberg)的《水星上的日出》(*Sunrise on Mercuryci*, 1957)中,宇航员降落在水星"寒冷的、如但丁的最深炼狱般的冰封王国"和"地狱之火王国"之间的"晨昏朦影带"上。此带是这样一个区域,在那里,火与冰相遇,而"每一个半球,都是它自己的地狱"。当此故事出现在1969年戴尔出版社的平装本文选《向外迈出第一步》(*First Step Outward*)上

① 斯基亚帕雷利(Giovanni Schiaparelli, 1835—1910),意大利天文学家及科学史家,以对火星的研究而闻名于世。——译者注

② 霍伊尔(Fred Hoyle, 1915—2001),英国著名天文学家。1948年,霍伊尔和他人一起创建了现被认为不是正统主流的一个新的稳恒态宇宙模型,并坚持这一理论。"大爆炸"原是他用来讽刺宇宙大爆炸模型的一个词,不料反倒成了现在正式的学术名词。——译者注

时，编辑霍斯金(Robert Hoskin)附上了一个注解，说它已从科学虚构进入奇幻王国了。

感到什么地方有点儿不对劲的第1个启示是1964年澳大利亚天文学家们的射电望远镜观测，这些观测的结果指出，水星上被设想成冰封的一面温度约为16℃！他们因此想，这样一颗行星会不会应该有大气？1965年，佩滕吉尔(Gordon H. Pettengill)和戴斯(Rolf B. Dyce)使用雷达从该行星的相反两侧边缘反射，发现了真正的原因。就像斯基亚帕雷利关于火星河道的错误一样，他关于水星自转的看法也是错的。水星每59天自转一周，相当于其公转周期的$\frac{2}{3}$。很明显，这颗小小行星的质量不均衡，像我们的月亮那样，或者说存在着潮汐隆起，这个现象允许它被太阳吸引时有一个稳定的$\frac{3}{2}$"共振锁定"。因此，水星每沿轨道运行两周，就自转3周。天文学家犯了75年错误的一个原因是他们通常一年只有一次有利时机观测水星。由于总是看到同样的暗黑标志，他们就认为，水星(在一个地球年中)在轨道上运行了4周，而实际上是转了6周。尽管可以作这样的合理化解释，夏皮罗①(见《科学美国人》1968年7月号上夏皮罗的《行星的雷达观测》)写道，这仍然是"对坚持自欺欺人想法的一种削弱"。那位古怪的科学传统观念的攻击者福特(Charles Fort)，面对这样一个巨大的乌龙事件，会如何地幸灾乐祸！

更令人惊讶的是1962年对于金星自转的发现。它缓慢的自转被认为与其225个地球日的轨道周期非常接近，以至于许多天文学家(包括斯基亚帕雷利)相信，就像水星和我们的月亮一样，金星的自转周期与轨道周期是等

① 夏皮罗(Irwin I. Shapiro，1929—)，美国天体物理学家。他提出的"引力延时(亦称夏皮罗延时)"，是检验广义相对论的四大实验之一。——译者注

同的。1962年，天文学家利用加利福尼亚喷气推进实验室的戈尔德斯通雷达[①]确立了两个让人难以置信的事实。金星缓慢自转的方向与其他所有行星都相反(天王星自转的方向含糊不清，它的自转轴几乎平行于椭圆轨道平面，以至于它的两个极无论哪个都可以称为北极)。金星是唯一的一颗太阳从西方(非常缓慢)升起的行星。更有甚者，它的自转周期是243.16天——它的一天要比一年长，因此每当金星靠近地球时，总是同样的一面朝着我们！拜伦(George Byron)在《唐璜》(*Don Juan*)中说："玫瑰色的天空，有着一颗星星(金星)像眼睛一样闪烁着光芒。"为什么金星总是以这样古怪的方式凝视地球仍然还是一个谜。或许，像水星一样，金星既有质量上的不对称，又有足够大的潮汐隆起，由于这种意外的共振锁定而让地球对它格外关注。

金星没有卫星的故事是天文学史上另一个有趣的基斯通警察[②]事件。1645年，意大利天文学家丰塔纳[③]宣称他看到了金星的一颗卫星。1672年，他的观测结果被卡西尼[④]证实，卡西尼那时已经发现了土星的两颗卫星，后来又发现了两颗。18世纪，许多显赫的天文学家也看到了金星的卫星。1773

① 意指戈尔德斯通深空通信系统(Goldstone Deep Communications Complex)，是美国国家航空航天局的深空网(Deep Space Network，简称DSN)的3个站点之一，位于美国加州戈尔德斯通。另两个位于西班牙马德里和澳大利亚堪培拉。DSN是利用射电天文观察来探测太阳系和宇宙的一个国际天线阵网，可以连续观察地球的自转过程。——译者注

② 基斯通警察(Keystone Cops)，1914—1920年初由美国基斯通影片公司拍摄的无声喜剧电影中经常出现的一队愚蠢而无能的警察。——译者注

③ 丰塔纳(Francesco Fontana，1580—1656)，意大利律师、天文学家，1643年宣称看到金星云层中有黑色痕迹。——译者注

④ 卡西尼(Jean Domenique Cassini，1625—1712)，著名天文学家和工程师。出生在热那亚共和国(今意大利)，后加入法国籍。他不但第1个发现了土星的4颗卫星(土卫三、土卫四、土卫五和土卫八)，还发现土星光环中间有条暗缝，即著名的卡西尼环缝。其他的工作还有，绘制大幅月面图、研究黄道光等。——译者注

年，著名的德国数学家、物理学家和天文学家朗伯[①]发表了一篇关于金星卫星的论文，文中甚至计算出了它的轨道。腓特烈大帝[②]意欲将此卫星命名为达朗贝尔[③]，以示表彰，但这位伟大的法国数学家礼貌地拒绝了这一荣誉。当然，金星根本就没有这样的一颗卫星，人们也未曾在金星凌日时看到过由它产生的黑点。那些天文学家要么是看到了近旁的星星，要么是看到了透镜折射产生的虚影，或者像一些天文学家“看到”火星河道一样，是希望和信念在他们的视觉上起了心理暗示作用。类似的解释也被用来说明18、19世纪许多有关火神星[④]的“观测结果”，这是一颗假设的、位于水星轨道以内的行星。

太阳系是如何演化的？尚没有一个肯定的答案。现在最为普遍的看法是康德第1个提出的那个假设。行星是环绕太阳的一个旋转圆盘中的气体和尘埃粒子以某种方式凝聚而成的。当从北极上方向下看时，这个星云是逆时针自转的，这可解释为什么所有的行星和它们的大部分卫星都在相同的方向上公转。可是，为什么这些古老的轨道相距这样的间隔？它们的距离之比是个偶然事件，还是由数学定律操控的？

是开普勒想出了极为出色的解释。他先是尝试了内接的和外切的正

---

① 朗伯(Johann Heinrich Lambert，1728—1777)证明了π是无理数，将双曲函数首先引入三角学，研究了非欧几何的一些性质，包括双曲三角形的角度和面积等。——译者注

② 即腓特烈二世(Friedrich II，1712—1786)，史称腓特烈大帝，普鲁士国王，1740年到1786年在位，是一位军事家、政治家、作家和作曲家。——译者注

③ 达朗贝尔(Jean Le Rond d’Alembert，1717—1783)，著名法国物理学家、数学家和天文学家，在数学、力学、天文学、哲学、音乐和社会活动方面都有许多巨大成就。——译者注

④ 火神星(Vulcan)又称祝融星，是在试图解释水星轨道近日点进动异常时引进的一颗假设的行星，这可能是受到了因天王星轨道运动异常而成功预言并发现海王星的影响而假设的。后来，爱因斯坦提出了广义相对论，精确地算出了水星轨道近日点进动的值，解决了进动异常问题，火神星被彻底排除。——译者注

多边形，然后是圆和正方体，但是他都得不到能够给出正确比例的模式。突然，他灵光一现。6颗行星之间有5块空间。不仅有5种凸正多面体而且只有5种凸正多面体？将5种柏拉图正多面体以确定的次序彼此嵌套起来，用它们之间的壳层来提供行星椭圆轨道的偏心率，他得到了一个结构，粗略对应于当时认为的每一颗行星离开太阳的最大和最小距离，如图6.1所示。即便在开普勒的时代，这也是一个疯狂的理论，但是开普勒把令人惊叹的科学直观和超自然的信念（包括占星术）非凡地融合了起来，这些信念引导他期待这样的几何和谐。"我从这一发现中得到的巨大喜悦，"他写道，"永远无法用语言来描述。"讽刺的是，他关于行星沿椭圆轨道而不是圆运动，以及潮汐是由月亮引起的正确认定，似乎同样显得很荒谬，甚至伽利略也曾认为这两个观点是开普勒的异想天开。

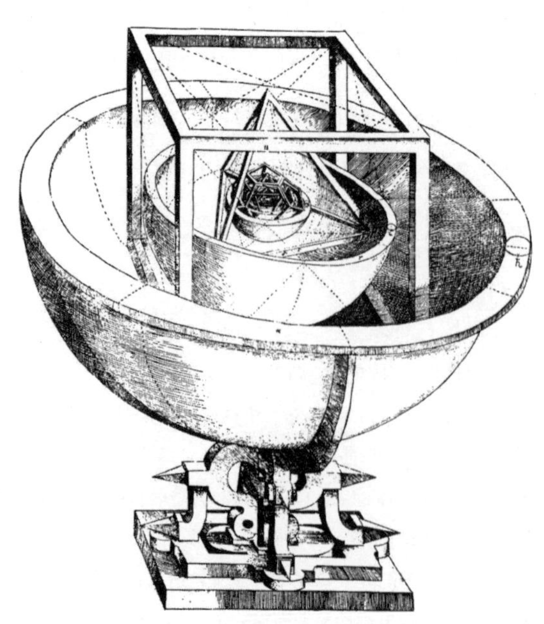

图6.1　开普勒的太阳系模型

1772年，维腾贝格[①]的提丢斯[②]宣称有一个简单数列似乎符合行星的轨道。4年后，由于一位更为著名的德国天文学家波得(Johann Bode)在一本教科书中公布了这个数列，它就成了著名的“波得定则”。要得到这个数列，需由0，3，6，12，24，48，96，192，…开始，其中除0以外，每个数是它后面那个数的一半，0那里原本应该是$1\frac{1}{2}$。然后，每个数都加上4，最后得到数列4，7，10，16，28，52，100，196，…这就是行星相距太阳平均距离的比例。如果我们取地球到太阳的平均距离作为“天文单位”，则第3个数10就变成1。将其他数都除以10，就得出以天文单位为单位的行星的平均距离。如图6.2所示给出了这些距离与实际平均距离的对照。注意，只有前6颗行星的平均距离与波得的数列给出的值非常相符，这6颗行星也是波得在发表他的文章时仅知的行星。不仅如此，波得定则还成功地作出了两个极好的预言。

第1个预言是在19.6个天文单位处应该有一颗行星。当1781年发现天王星时，其天文单位为19.2，这是一个令大多数天文学家相信波得定则是可靠的事实。第2个预言是在火星轨道和木星轨道之间巨大的间隙里，应该有一颗距离太阳2.8个天文单位的行星。1801年，在新世纪的第1天，在距离太阳2.77个天文单位处发现了最大的小行星——谷神星！随后，在这个区域里发现了数以千计的小行星。波得定则的捍卫者们提出假设说，这些小行星是一颗爆炸了的行星的残骸，这颗行星曾经在波得定则给出的那个轨道上绕太阳运行。

---

① 维滕贝格(Wittenberg)是德国萨克森—安哈尔特州维滕贝格县的县治所在地。——译者注

② 提丢斯(Johann Daniel Titius，1729—1796)，德国天文学家、数学家，维腾贝格大学教授，曾提出太阳系行星轨道半径的一个简单的几何学规则，柏林天文台台长波得(1747—1826)将它归纳为一经验公式：半径$a=\frac{(n+4)}{10}$。后被称为提丢斯—波得定则，即文中所称的波得定则。波得是德国天文学家，以归纳和宣传提丢斯—波得定则而出名。他最早计算出天王星的轨道，并以Uranus命名。——译者注

行星	波得的数列	实际平均距离
水星	0.4	0.39
金星	0.7	0.72
地球	1	1
火星	1.6	1.52
（谷神星）	2.8	2.77
木星	5.2	5.20
土星	10	9.57
天王星	19.6	19.15
海王星	38.8	29.95
冥王星	77.2	39.39

图6.2 关于行星距离间隔的波得定则

可惜，这个定则对于海王星和冥王星预测的失败，使得许多天文学家认为此定则先前的成功只是碰巧而已。而另一些天文学家最近建议说，冥王星可能原是一颗逃离海王星的卫星，在它们分开前，海王星可能是在波得定则预言的那个位置附近。也有人争辩说，波得定则适用于所有的行星，除了在太阳系的内部及外部边缘地带，在那些地方不合规则的现象是司空见惯的。因为水星和冥王星的轨道较之其他行星有着大得多的偏心率和对于黄道平面有着更大的倾角，所以假设在边缘地带不符合一般规律不是没有理由的。

波得定则究竟是一种数字命理学[①]的把戏，就像开普勒毫不相干的镶嵌多面体那样，抑或它说出了一些最终能被太阳系起源理论解释的有价值

① 数字命理学（numerology）亦称数秘术，在古希腊有些人（如毕达哥拉斯）认为可以数字解释世上一切事物，后来发展成用数字来占卜。它与数学的关系类似于占星术对于天文学那样，故也被称作伪数学。——译者注

的东西?这个问题仍然没有定论。波得定则的捍卫者们经常引用的是1885年瑞士数学家巴耳末[①]宣布的一个符合氢原子谱线频率的数列。这个数列一直是纯粹数字命理学的,直到几十年后才由玻尔[②]在量子力学中找到了对"巴耳末系"的解释。

"问题是,"古德(Irving John Good)在最近的一篇论述波得定则的文章中写道,"一个不被模型支持的科学数字命理学观点是否能充分打动我们,以至为了解释它,人们应该去寻找一个科学的模型。"就拿我这个门外汉来说,我甚至不愿意去猜测波得定则将来会有什么进展。

我用另一个难题来作为结论。在地球绕太阳运行时,对于太阳来说,月亮沿着一条波浪形的路径运动。在绕地球12圈的月亮轨道中,有几段是凹的(凸出的一边对着太阳)?

① 巴耳末(Johann Balmer,1825—1898),瑞士数学家、物理学家。他的主要贡献是建立了氢原子谱线波长的经验公式——巴耳末公式。——译者注

② 玻尔(Niels Bohr,1885—1962),丹麦物理学家,是量子论的创始人,对当代物理学的发展影响极为深远,为此荣获1922年诺贝尔物理学奖。他是由引入量子化条件,建立原子的玻尔模型,从而解释氢原子光谱的巴耳末公式的,并不是文中所说的用量子力学来解释的。——译者注

答　案

对第1个问题的回答是，一个轮子在绕另一个直径为它两倍的固定轮子转一周时，自转了3周。因为自转轮子的周长是那个大轮子的一半，它对于固定的轮子自转了两周，加上相对于上面观察者的第3周。一般的公式是$\left(\frac{a}{b}\right)+1$，这里$a$是固定轮的直径，$b$是转动轮的直径。此式给出运行一周时的自转数。这样一来，如果转动轮的直径是固定轮的两倍，则它转$1\frac{1}{2}$次。当转动轮的直径变得愈来愈大时，它运行一周时的旋转数趋向一个极限，这个极限就是它绕一个直径为0的退化“圆”即一个点旋转的次数。假定固定硬币的直径等于转动硬币的圆周。运行一周时，转动的硬币转了多少周？

对于月亮在绕太阳运行的波浪形路径上运动时凹进部分段数问题的答案是：路径上没有凹的部分。由于月亮靠地球非常近且地球公转的速度相对于月亮绕地球的速度是如此之大，月亮路径（相对于太阳）的每一点都是凸的。

第 7 章

马斯凯罗尼作图法

常有人说，古希腊的几何学家们承袭据说是从柏拉图开始的传统，都是用圆规和直尺（没有刻度的尺）来作所有平面图形的。此话不实。希腊人使用许多其他的几何仪器，包括三等分角的装置。不过，他们确实认为用圆规和直尺作图要比用其他仪器更为优美。他们坚持努力寻找使用圆规和直尺来三等分角、改圆为正方形、复制立方体——3个古老的几何作图的大问题——的方法，几乎2000年了，但仍无法确证。

随后几个世纪的几何学家甚至对用于作图的仪器加上苛刻的限制来自娱自乐。第1个系统地作出此类努力的是10世纪波斯数学家瓦法[①]，他在一部著作中描述了用直尺和"固定圆规"作图的可能性，"固定圆规"后来被称作"锈住的圆规"。这是一种根本不能改变半径的圆规。大家熟知的将一线段或一角二等分的方法是用"固定圆规"和直尺作图的简单例子。如图7.1所示，是如何用生锈的圆规将比此圆规张开长度两倍还长的线段简单地两等分。瓦法的许多解法——特别是他的给定一边，作出正五边形的方法——是极端直观和难于证明的。

① 瓦法（Abul Wefa，940—998），阿拉伯数学家、天文学家，著作有《几何作图》《算术应用》等。——译者注

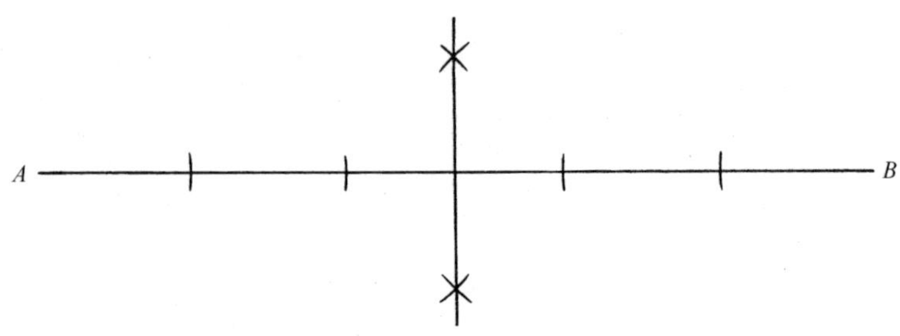

图7.1　用锈住的圆规将一任意长度的线段二等分

如图7.2所示，是如何用锈住的圆规通过直线*AB*外一点*P*作平行于*AB*的平行线。这通过3步作一菱形就能做到；这很简单，你只要看看此图就能画出来。此法至少可追溯到1574年，至今还在被重新发现并当作新方法写出来。例如，见《数学教师》(*Mathematics Teacher*)1973年2月号第172页。

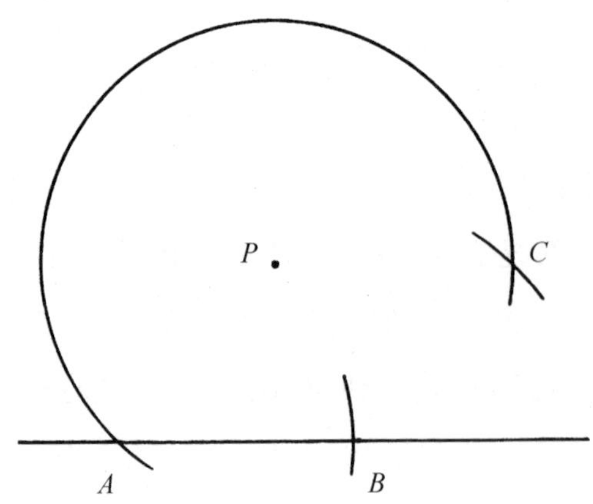

图7.2　用锈住的圆规作一平行线

达·芬奇[①]和许多文艺复兴时期的数学家有用固定圆规作图的经验，然而有关这个问题的重要论著是《欧几里得作图法纲要》(*Compendium Euclid-*

① 达·芬奇(Leonardo da Vinci，1452—1519)，意大利文艺复兴时期最著名的艺术家，世界著名油画《蒙娜丽莎》的作者。除画家外，他还是雕刻家、建筑师、音乐家、数学家、工程师、发明家、解剖学家、地质学家、制图师、植物学家和作家。——译者注

is Curiosi)——这是一本24页的小册子，是一位无名的阿姆斯特丹人在1673年出版的。4年后，被英格兰的一位水道测量员莫克松(Joseph Moxon)翻译成英语。现在我们已经知道，这本书是丹麦几何学家莫尔(Georg Mohr)撰写的，我们之后还会谈到他。1694年，伦敦的一位大地测量员利伯恩[①]在一本名为《有益的娱乐》(*Pleasure with Profit*)的奇特书籍中把使用锈住的圆规作图作为一种数学游戏来处理。在论述这个题目时，他写道："(本书)显示了如何(不用圆规)只用日常生活中吃肉的叉子(或那些不能张开和合拢的类似仪器)和无刻度的直尺去做许多有趣的、令人愉快的几何操作。"

19世纪，法国数学家彭赛利[②]提出了一个证明，随后为瑞士的施泰纳(Jacob Steiner)严格化，圆规和直尺的所有作图都可以用一把直尺和一只固定圆规来作。随之而来的一个结论是，使用一把直尺和一只圆规所作的每一个图形都可以只用一把直尺来作，只要在平面上给定了一个圆及其圆心。20世纪早期，大家所称的整个"彭赛利—施泰纳圆"甚至被证明也不需要。全部所需的仅仅是这个圆的一小段弧和它的圆心，不管弧有多小(在这样的作图中，如果圆心和圆周上的一点给定了，这个圆就能作出了)!

许多著名的数学家研究过用这种单个仪器作图的可能，如一把直尺、一把刻有两点作为标志的直尺、一把具有两条平行直边的尺、一把与另一直尺垂直或以其他角度相交的"尺"等。1797年，意大利几何学家马斯凯罗尼[③]出版了《圆规几何》(*Geometria del Compasso*)一书，惊动了数学界。在这本书中，他证明了每一个用圆规和直尺作的图都可以单独用一个可调节的圆规来作。因为直线当然不能单独用圆规来画，所以假设两个由弧相交所

① 利伯恩(William Leybourn，1626—1716)，英国数学家和大地测量员。——译者注

② 彭赛利(Jean Victor Poncelet，1788—1867)，法国数学家、工程师，射影几何学创始人之一，埃菲尔铁塔上刻有他的名字。——译者注

③ 马斯凯罗尼(Lorenzo Mascheroni，1750—1800)，意大利数学家。——译者注

得的点确定一条直线。

仅用圆规的作图法现在仍然叫作马斯凯罗尼作图法，但1928年发现，莫尔在一本篇幅不大而又晦涩难懂的著作《丹麦的欧几里得》(*Euclides Danicus*)里曾证明了同样的问题，该书在1672年出版了丹麦文和荷兰文两种版本。一个丹麦学生在哥本哈根的一家旧书店里发现了这本书，并将它交给他的数学老师、哥本哈根大学的耶尔姆斯列夫[①]，后者立即意识到此书的重要性。1928年，耶尔姆斯列夫将它附上德文翻译，在哥本哈根影印出版。

今日的几何学家很少会对莫尔—马斯凯罗尼作图法感兴趣，但是由于它给出如此之多的具有消遣娱乐性的问题，所以受到了数学趣题发烧友的青睐。具有挑战意义的是，寻找出更少的步骤来改进先前的作图法。有时候可以改进莫尔—马斯凯罗尼的作图法，有时候不能。例如，考虑马斯凯罗尼的问题66的5个解中最简单的那个：找出两个给定点A和B之间的一个中点，如图7.3所示。

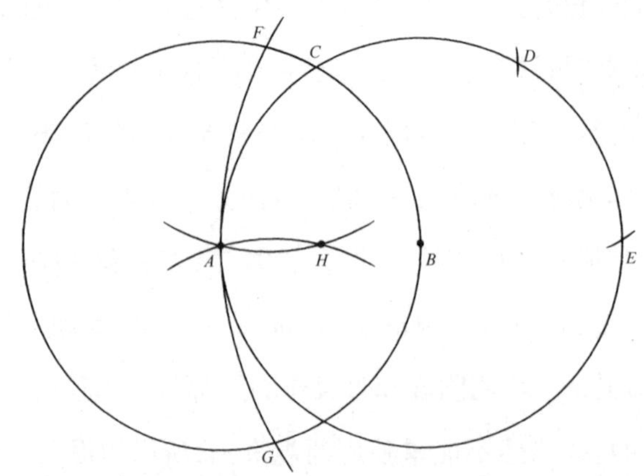

图7.3　只用圆规找出A和B之间的中点H的马斯凯罗尼作图法

① 耶尔姆斯列夫(Johannes Hjelmslev，1873—1950)，丹麦数学家，主要研究几何学史。曾发明以他名字命名的、将整个双曲面映射到一个有限半径的圆中的耶尔姆斯列夫翻译法。——译者注

以A和B为圆心，以AB为半径画出两个圆。保持圆规张开的距离不变，以C为圆心作出标志点D，再以D为圆心作出点E(读者能够回想起，这是一个为人熟知的作图步骤的开始，这个步骤能把圆分成6段相等的弧，或者交替地取点而分成3段相等的弧）。点E在线段AB向右的延伸线上，且AE是AB的两倍长(很明显可以用两倍、3倍以至任意倍AB的长度，来重复这个步骤)。张开圆规使得半径为AE，然后以E为圆心画一段弧，与左边的圆相交于F和G。将圆规合拢使它的半径再次为AB，以F和G为圆心作两段弧相交于H点。

H正好是AB的中点。注意，共有一个底角$\angle FAE$的两个等腰三角形$\triangle AFH$和$\triangle AFE$是相似的，这很容易就能证明。AF是AE的一半，因此AH是AB的一半。对于熟悉反演几何的读者，H是E对于左边圆的反演。用反演几何法对此作图法所作的证明在柯朗和罗宾斯在《什么是数学?》(*What is Mathematics*, 1941)[①]一书的第145页中给出。注意，如果在一开始就画出了线段AB，若仅用圆规找出它的中点，就只需要画出最后两段弧中的一段，步骤就被简化成6步。

另一个被马斯凯罗尼解决的著名问题是确定一个给定圆的圆心。马斯凯罗尼的方法过于复杂，幸好有一个不知其来源的简化方法出现在许多旧书中，如图7.4所示。A是圆周上的任意一点。以A为圆心，圆规张开的距离为半径，画一弧与此圆交于B和C。以AB为半径，以B和C为圆心画弧，相交于D(D可以在圆的内部或下面，依据圆规张开的距离而定)。以AD为半径，以D为圆心画一弧，相交于E和F。以AE为半径，以E和F为圆心画出的弧

① 柯朗(Richard Courant，1888—1972)，美国著名数学家，希尔伯特的学生，在美国创建柯朗数学研究中心，撰写闻名世界的教科书《数学物理方法》。罗宾斯(Herbert Robbins，1915—2001)美国20世纪最杰出的数学家和统计学家之一。他们两人合著的《什么是数学?》是一部介绍数学的通俗名著，曾获爱因斯坦的高度评价，2012年仍在再版。——译者注

相交于G。G即为此圆的圆心。像以前一样,有一个简单的证明,等腰三角形$\triangle DEA$和$\triangle GEA$有着共同的底角$\angle EAG$,因而是相似的。这个证明的余下部分和用反演几何的证明,见格雷厄姆(L. A. Graham)《数学问题中的惊奇》(*The Surprise Attack in Mathematical Problems*,1968)中的问题34。

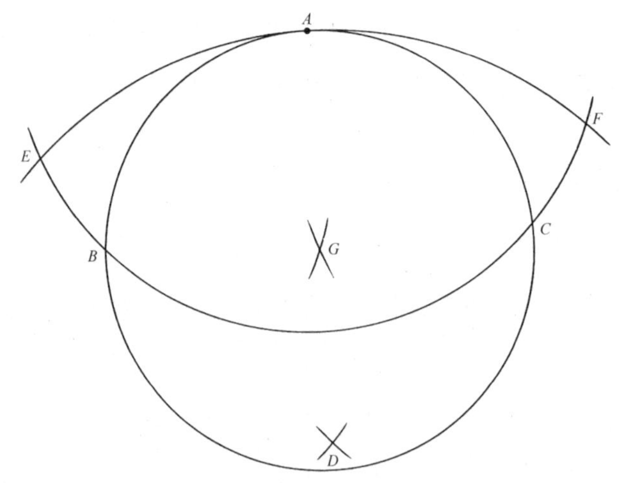

图7.4 如何只用圆规在6步以内确定一个圆的圆心

马斯凯罗尼书中的第3个著名问题已经成了熟知的"拿破仑问题",因为有人说是拿破仑[1]最先向马斯凯罗尼提出这个问题的。不太为人所知的是,拿破仑是一个热情的业余数学家,虽然没有什么深刻的见解,但特别痴迷于几何,当然几何具有巨大的军事价值。他也是一个对他那个时代有所创建的法国数学家不吝赞扬的人。蒙日[2]以消遣数学家闻名(主要是因为他对"蒙日洗牌法"的最新分析,在这种洗牌法中,由左手拇指把一叠牌中的牌上下交替地插入到右手的牌中去),似乎曾经是唯一的一个与拿

① 拿破仑(Napoléon Bonaparte,1769—1821),即拿破仑一世,法国皇帝,1804—1815年在位。——译者注

② 蒙日(Gaspard Monge,1746—1818),法国数学家,画法几何创始人,拿破仑的好友。——译者注

破仑保持友谊的人。“蒙日爱我，就像一个人爱着他的情人。”拿破仑曾经这样说过。蒙日是被拿破仑封为伯爵的几位法国数学家中的一个。不管拿破仑有无能力成为一个几何学家，让人确信的是，根据几位数学史学家的说法，拿破仑改革法国的数学教学曾经是如此之彻底，他的改革使得数学在19世纪的法国出现了一次巨大的创新高潮。

像蒙日一样，年轻的马斯凯罗尼也是拿破仑和法兰西革命的热情崇拜者。他还是帕维亚[①]大学的数学教授，也写诗歌——意大利评论家对他的诗歌评价很高。他有几部意大利文版本的诗集。他的《测量员的问题》(*Problems for Surveyors*)一书是以诗的形式献给拿破仑的。1796年，马斯凯罗尼与拿破仑相遇并成为朋友，当时拿破仑入侵了意大利的北部。一年后，当马斯凯罗尼出版他关于仅用圆规作图的书时，他用一篇献辞再次向拿破仑表示尊敬，这次是一首冗长的颂诗。

拿破仑掌握了许多马斯凯罗尼关于圆规作图的问题。据说，1797年，正当拿破仑在与后来被分别授于伯爵和侯爵头衔的拉格朗日[②]和拉普拉斯[③]讨论几何学、解释马斯凯罗尼的一些解法时，他们有一些小小的惊奇，这些解法对他们来说是全新的。拉普拉斯评论说：“总而言之，我们对你除了几何学教科书以外的所有东西都很期待。”不管这件轶事是否真实，拿破仑真的把马斯凯罗尼的圆规作图法介绍给了法国数学家。1798年，《圆规几何》的意大利文第1版出版后的一年，在巴黎出版了它的法文翻译版。

---

① 帕维亚是意大利的一个古老城市，距米兰约35千米。——译者注

② 拉格朗日(Joseph Louis Lagrange，1736—1813)，法国著名数学家、力学家和天文学家，对数学分析有重大贡献、创立了拉格朗日力学等，被誉为“欧洲最伟大的数学家”。——译者注

③ 拉普拉斯(Pierre Simon de Laplace，1749—1827)，法国著名天文学家和数学家，天体力学的集大成者，提出了第1个太阳系起源理论——星云说。康德的星云说是从哲学角度提出的，而拉普拉斯则从数学、力学角度充实了星云说。——译者注

“拿破仑问题”要解决的是如何单单使用圆规，把一个圆心给定的圆分成4段相等的弧。换言之，即要找出圆的内接正方形的4个顶点。如图7.5所示，是一个优美的6段弧解法。把圆规张开为这个圆的半径，选择圆上任意一点A，然后分别以A为圆心画弧得到B点，再以B为圆心画弧得到C点，再以C为圆心画弧得到D点。再以AC的长度为半径，以A和D为圆心画出弧相交于E。以A为圆心、OE为半径画出弧切割原来的圆于F和G。A，F，D和G就是内接正方形的顶点。我真的不知道这是马斯凯罗尼的解法还是后来的发现（他的书没有翻译成英语，而我还没有阅读过意大利文或法文版）。亨利·杜德尼在《现代谜题》(*Modern Puzzles*，1926)给出了此解法，但没有给出证明。一个简单的证明可在特里格(Charles W. Trigg)的《数学快讯》(*Mathematical Quickies*，1967)问题248中看到。

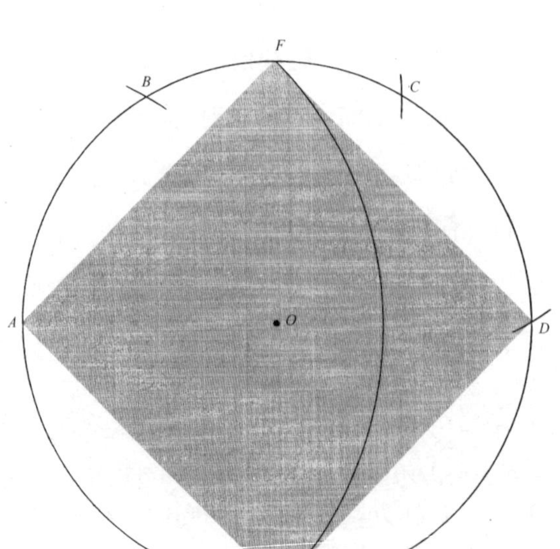

图7.5 “拿破仑问题”的6段弧解法

两个相关的、不那么著名的马斯凯罗尼问题是:(1)给出一个正方形两个相邻的顶点,找出其他两个顶点;(2)给出一个正方形对角线两端的顶点,找出其他两个顶点。两位读者奥姆斯特德(Don G. Olmstead)和韦特(Paul Whitc)分别给我寄来了第1个问题的8段弧解法,该解法能在格林布拉特(M. H. Greenblatt)的《数学娱乐》(*Mathematical Entertainments*, 1965)第139页上找到证明。图7.6所示为这个解法的步骤。*A*和*B*是给定的两点。在画出两个分别以*A*和*B*为圆心、以*AB*为半径的圆之后,保持半径不变,以*C*为圆心标记出点*D*,以*D*为圆心标记出点*E*。以*A*和*E*为圆心,以*CF*为半径画出两段弧相交于*G*点。再以*GB*为半径、以*A*和*B*为圆心,画出的弧与圆相交于*H*和*I*,这就是要寻找的正方形的另外两个顶点。

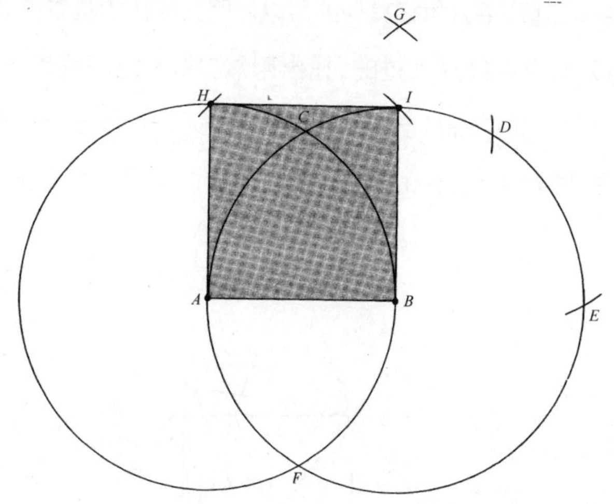

图7.6　给定了相邻的两个顶点*A*和*B*,作出正方形的一种8段弧解法

对于更为困难的第2个问题,我所知道的最好解法要求作出9段弧。请读者们找出这个解法,或者更好的解法。

补　遗

凯罗什叫我注意一个惊人的、不太为人知道的定理：所有可以用直尺和圆规得到的点，不用别的任何东西，只要用数目不受限制、完全一样的牙签就可以得到。这些牙签用来模拟能够在平面移动的刚性线段。

这种奇怪的作图法是《仙灵象棋评论》(*Fairy Chess Review*)[①]的编辑道森(T. R. Dawson)发明的，他在一篇名为《"火柴杆"几何》('*Match-Stick*' *Geometry*)的、刊登在《数学公报》第23卷1939年5月号第161—168页的文章中写出了这种方法。道森证明了这个一般的定理，指出了用火柴杆不能作出来的点，也不能用圆规和直尺作出。他使用通过给定的一点对一直线作垂线、作平行线的方法，给出了平分线段、平分角和其他的足以证明其成功的基本作图法。

娱乐来自无数个未经探索过的、找出用最少数量牙签作图的此类挑战。例如，如图7.7所示，是道森作出一个单位正方形(一边等于牙签长度的正方形)的最好方法，图中AF是$\angle BAC$内的任意直线。此法用了16根牙签。

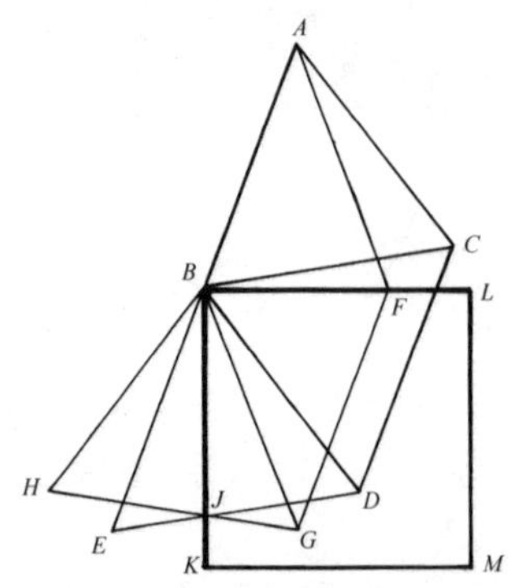

图7.7　用16根牙签构筑一个正方形

① 仙灵象棋是国际象棋的一种变体的说法，指不按正规棋理及步法移动棋子。——译者注

道森断言，平分一条给定的单位长度直线最少需用11根火柴，找出相距一个单位长度的两个定点的中点要用13根。他向读者发出挑战：确定两点距离大于一个单位但小于 $\sqrt{3}$ 的线段的中点，只需要10根牙签。

如图7.8所示是用5根牙签平分一个 $<120°$ 且 $\geq 60°$ 的角的简单方法。此法也能作出通过 C 点垂直于 AB 的垂线。因此只需简单地将等边三角形一个换一个地延伸到所需的远方，就能作出平行的直线。

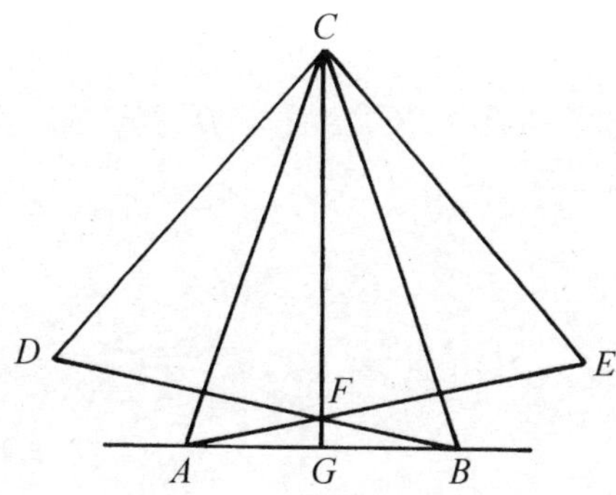

图7.8　用5根牙签平分一个角

答　案

如图7.9所示是解决马斯凯罗尼问题的一种9段弧法：给定一正方形对角线上的两个顶点，只用圆规就能找出另两个顶点。*A*和*B*是给定的两顶点。以*AB*为半径、*B*为圆心作圆。保持圆规张开的距离不变，画出弧*C*、*D*和*E*（以*A*、*C*和*D*为圆心）。以*CE*为半径、*A*和*E*为圆心画出两段弧，相交于*F*。以*BF*为半径、*E*为圆心，画出一段弧与先前画出的弧相交于*G*。再以*BG*为半径、*A*和*B*为圆心画出弧，相交于*H*和*I*。*A*、*H*、*B*和*I*就是所要求的正方形的4个顶点。纽约州哈德孙河上黑斯廷斯的小史密斯（Pilip G. Smith, Jr.）寄来了这个作图法的一个基于直角三角形和毕达哥拉斯定理的简单证明，但是我不在此介绍，而让感兴趣的读者自己去看。

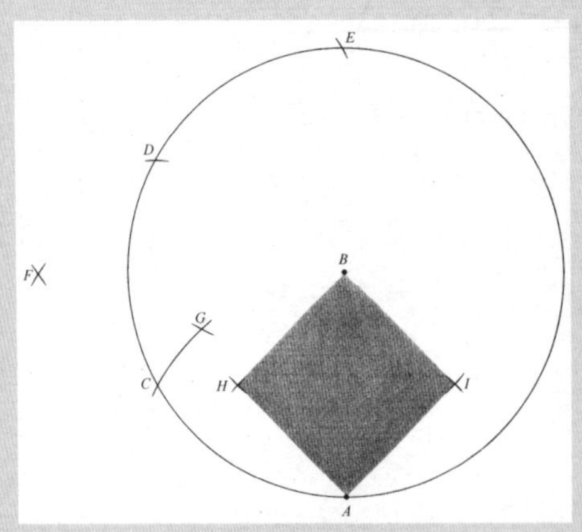

图7.9　给定两对角的顶点*A*和*B*，作一正方形

在撰写了关于马斯凯罗尼作图法的专栏后，我意识到解决“拿破仑问题”的6段弧法实际上就是马斯凯罗尼的方法。切尼（Fitch Cheney）给我寄来了他的文章《我们能超过马斯凯罗尼吗？》

(《数学教师》第46卷1953年3月号第152—156页),文中给出了按他自己的、仅用5段弧的更简单的解决“拿破仑问题”的解法。

如图7.10所示为切尼的解法。在给定圆上任取一点*A*,以*A*为圆心、*AO*为半径作第2个圆,与给定圆相交于*C*。以*C*为圆心、相同的半径作第3个圆,与给定圆相交于*D*。以*D*为圆心、*DA*为半径作一弧与原来的圆相交于*E*。以*F*为圆心、*FO*为半径,作一段弧与先前所作的弧相交于*G*。以*C*为圆心、*CG*为半径,作出弧与原来的圆相交于*H*和*I*。*E*、*I*、*C*和*H*是所求正方形的顶点。

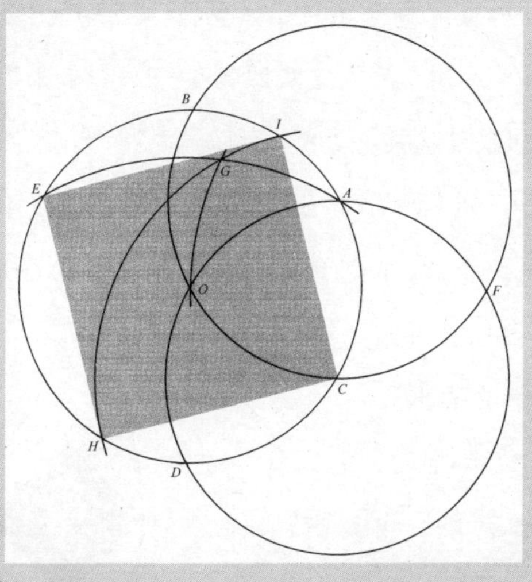

图7.10 切尼对于“拿破仑问题”的简化解

切尼在他的文章中提请注意“现代圆规”和欧几里得的“经典圆规”之间的差别。“现代圆规”能保持它的张开距离,像一只两脚规;欧几里得的“经典圆规”在它的任一只脚离开平面时,立即合拢。切尼的5段弧解法与马斯凯罗尼解法不同,

用的是经典圆规[①]。切尼还在他的文章中给出了作圆内接正五边形的一个7段弧法，比马斯凯罗尼用现代圆规的解法要少两步。

大多数读者注意到，能够将马斯凯罗尼仅用圆规得到两点之间中点的方法减少一步。图7.3中两个圆的交点之间的距离明显等于CE，因而不用经过找出点D的中间步骤，就能找出E。正如许多读者指出的那样，在找出一个给定圆的内接正方形(拿破仑问题)以及给定了正方形两个相邻顶点找出另两个顶点中，这种方法自动地将平分一直线段所需弧的数目减少了一个。

给定了一正方形对角线上的两个顶点，找出另外两个顶点的问题——我已经用9段弧方法回答了——如果采取刚才描述的这种步骤，弧的数目就减少为8个。但是十多个读者发现了6段弧的优美解法，如图7.11所示。A和B是给定的顶点分别以A、B点为圆心，以AB为半径画两个圆，相交于C、D。把圆规张开为CD，并以C为圆心作弧EDF。再以F为圆心、AF为半径画出弧GAH。以E和F为圆心、EG为半径作两段弧相交于X和Y。不难证明，A、X、B、Y就是所要求的正方形的顶点。

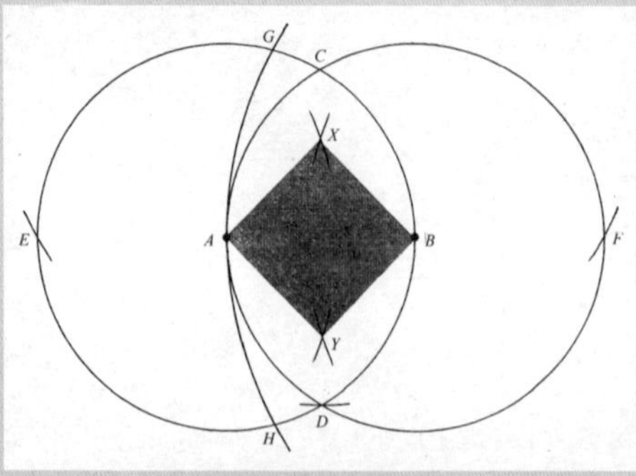

图7.11 马斯凯罗尼问题的6段弧解法

① 此处原文为经典弧，现根据上下文的意思改为经典圆规。——译者注

第 8 章
算盘

“算盘”(Abacus)一词已经被用于3种不同的计算辅助装置。在许多古代文明(包括希腊文明)中使用过的最早也是最简单的算盘,不过是一块上面撒着薄薄一层黑沙的木板而已,人们可以在上面用手指或尖笔书写数字或画几何图形。传说阿基米德被罗马士兵杀害时,正在这样的“沙板”上计算。希腊语*abax*,一般是指一块平板或没有腿的桌子。它可能源自希伯来语*abaq*,意思是“灰尘”。

算盘的后来一种类型是计算板,据知早在公元前4世纪就有了,但到文艺复兴时期仍在使用。这是一种真正的计算工具,是数字计算机的雏形,就好比计算尺是模拟计算机的雏形那样。计算板标有一些平行线,它们表示着一个数制的“位值”(place value),这数制通常是一种以10为基数的符号系统。这些线被画在羊皮纸上,刻在大理石上,雕在木头上,有时甚至缝在布上。不受束缚的算珠在这些线上被来回移动,从而进行简单的计算。希腊人称这种计算板为abakion,罗马人称它为abacus。算珠是鹅卵石或其他可在凹槽里移动的类似物件。鹅卵石的拉丁文是calculus,因而成了“计算”(calculate)和“微积分”(calculus)等词的来源。有几张图片显示了正在使用的计算板,其中一张是画在一只希腊花瓶上的,但是只有一块希腊计算板幸存了下来,即在萨拉米斯岛上发现的一块大小约为12.7厘米×15.2厘米的长方形大理石板[①]。在中世纪,棋盘状格子的(checkered)计算板被普遍使用,这就解释了诸如"支票"(check)和"国库"(exchequer)等词的来源。

我们现在称为算盘的装置,本质上是一种经修改的计算板,算珠被放置在凹槽中或者沿着铁丝或杆滑动。它的起源尚不清楚。古代希腊人可能并没有这样的工具,最早提到它们的是罗马的文献。那些被罗马人叫作Claviculi(小钉子)的算珠,在凹槽中上下移动。罗马人有好几种这样类型的装置。晚至17世纪尚在意大利使用的一种小型铜质算盘特别有趣,因为它的结构与今日的日本算盘一样。每一条竖直的凹槽代表10的某个幂次,幂次向左依次增加。在一根横档下面的每一条凹槽里有4颗算珠,它们代表相应位值的单位倍数。横档上面的每一条凹槽里有一颗算珠,代表相应位值的5倍。

在此,我们遇到了一件奇怪的事情,这是德国数学家门宁格[②]在其美妙的百科全书式的著作《数字和数符》(*Number Words and Number Symbols*)中着重提到的。在长达15个世纪多的时间里,希腊人和罗马人,以及后来中世纪和文艺复兴早期的欧洲人,他们在具有真正位值制的装置上进行计算,此装置中的0是由空无一物的铁丝或凹槽,或者由铁丝或凹槽上的空位表示的。当时,同样是这些人,当他们不用机械装置辅助计算时,却使用笨拙的、没有位值和0的记数法。正如门宁格所说,人们花了很长一段时间才意识到,要有效地书写数字,必须画一个符号以表明数字里的空位。

这一文化心理障碍的主要原因或许是莎草纸和羊皮纸的来源困难。由

① 萨拉米斯岛(Salamis Island)是希腊萨罗尼科斯湾(Saronic Gulf)中最大的一个岛屿,位于雅典以西16千米处。1846年在那里发现了一块公元前300年左右的大理石板,被认为是已发现的最古老的计算板。文中说的大小并不正确,这块板149 厘米长,75厘米宽,4.5厘米厚。——译者注

② 门宁格(Karl Menninger,1898—1963),德国数学家和作家。主要著作是1934年出版的《数字和数符》,书中介绍了世界各地非学术性的数学问题。——译者注

于计算几乎全部在算盘上进行，所以没有对于一套更好的书写符号的迫切需求。是意大利比萨的列奥纳多，即我们所熟知的斐波那契，在1202年把印度—阿拉伯的记数法引进到欧洲（见第3章）。这导致了“算盘使用者”（abacists）和“阿拉伯记数法使用者”（algorists）之间的一场激烈斗争。算盘使用者是指那些用算盘进行计算而坚持用罗马数字记录计算结果的人，阿拉伯记数法使用者则放弃罗马数字而使用更胜一筹的印度—阿拉伯记数法。algorists一词源自9世纪一位阿拉伯的数学家的名字花拉子米（al-Khowârizmî），是现代的名词“算法”（algorithm）的出典。[如图8.1所示，一个算盘使用者正在和一个阿拉伯记数法使用者比赛。此画取自一本16世纪的书籍《玛格丽塔哲学》（*Margarita Philosophica*）。]实际上，在一些欧洲国家中，法律禁止使用阿拉伯记数法，所以人们不得不秘密地使用。甚至在一些阿拉伯国家也反对使用它。直到16世纪大量的文章出现，新的记数法才最终胜出，在那以后10个数字的外形才在印刷品上被标准化。

图8.1　16世纪印刷品中“算盘使用者”（右）与“阿拉伯记数法使用者”比赛的画

在欧洲，算盘渐渐被弃用。在今天的美国，算盘的遗留物只是作为儿童围栏上的彩色珠子，作为早教阶段用来教授十进位记数法的装置，作为念珠和桌球记分牌之类计数装置上的移动珠子而存留。从某种意义上来看，这很可惜，因为近代以来，用算盘计算在东方国家和俄罗斯已经成了一种艺术。它有着多重的感觉体验：算盘使用者能既看到珠子的移动，又能听到它们的啪啪声，并触摸它们。而且，算盘价格便宜，维修成本低，在同样的性价比下，数字计算机没有这样高的可靠性。

现在，人们常使用的算盘有3类。中国算盘（如图8.2所示）也曾在朝鲜使用，这种算盘的珠子像小甜甜圈，可以沿着竹杆几乎无摩擦地移动。每根竹杆在横档以下有5颗珠子（每颗为1），在横档以上有两颗珠子（每颗为5）。汉字“算”的意思是计算，这是从门宁格的书中复制而来，它看起来像是一只“手”从下面托着一把算盘，而算盘的上面是“竹子”。中国算盘的起源不清楚，但对它精确的描述可以追溯到16世纪，但肯定还要比这早很多个世纪。

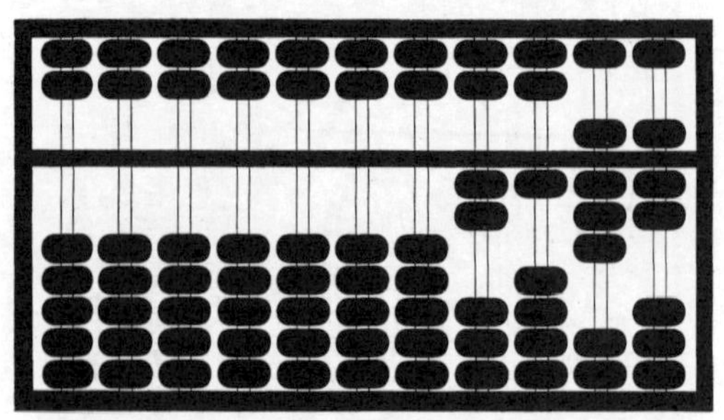

图8.2　中国算盘，上面显示的数字是2187

如图8.3所示，日本的算盘（soroban）也能追溯到16世纪，它可能是在那时候从中国传过去的。它的算珠边缘是尖的，是两个圆锥底对底结合而成。日本人称横档以上的区域为“天”，每根杆上仅有一颗珠子，横档以下是

“地”，只有4颗珠子。(这种算盘原来在横档下也有5颗珠子，像中国的算盘一样，但第5颗珠子在1920年被废弃了。中国算盘每根杆上的两颗额外的算珠，在现代的算盘计算中没有本质的作用，丢弃它们可以得到一个更为简单的仪器。)日本仍然有每年一度的算盘竞赛，参加者有数千人。日本算盘仍然在商店和小型企业里使用，但在银行和大公司中它正迅速地被现代的台式计算机取代[①]。

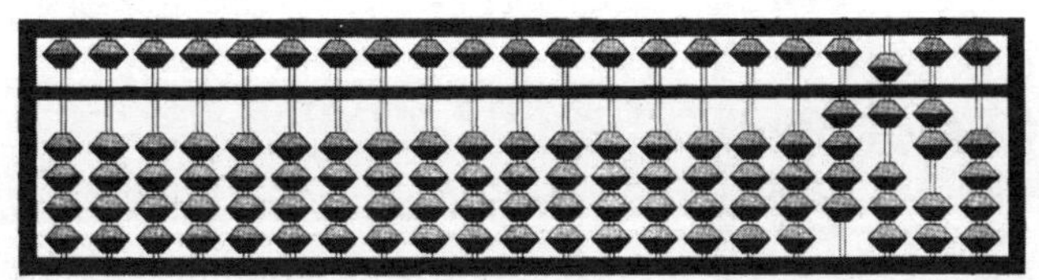

图8.3　日本算盘，上面显示的数字是4620

在日本或中国的算盘使用者与美国的台式计算机使用者之间进行过许多比赛。最为大肆宣传的是1946年的东京比赛，当时美国大兵伍德(Thomas Wood)与松崎喜义(Kiyoshi Matsuzaki)举行了一场比赛。除了大数的乘法外，其他所有运算算盘使用者都比对方快。应该承认，东方算盘使用者如此神速的原因之一是，他们是在头脑中做大量运算，而算盘主要是用来记录运算步骤[②]。

算盘计算的主要缺点是它不能保存以前步骤的记录。如果出了一个差错，就必须全盘重新计算。日本公司为了保证不出差错，常常用3把算盘同时计算同一个问题。只有所有答案都一致，就像卡罗尔在《猎取蛇鲨》(*The Hunting of the Snark*)中由贝尔曼(Bellman)给出的规则——“我告诉你3次的事情是真的”——那样才是正确的答案。

① 这是指本书写作的时候即1970年前后的情况。——译者注

② 这里提到的情况都是本书撰写时的情况，即1970年左右的情况。至今已经几十年过去了，情况发生大大的变化，请读者们注意。书中类似情况不少，不再一一指出。——译者注

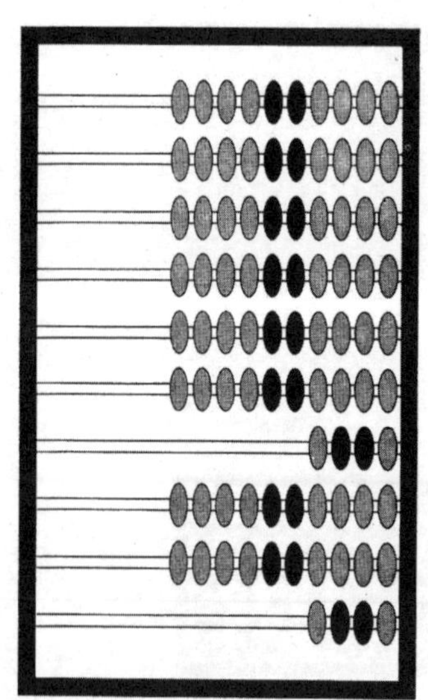
图8.4 俄罗斯算盘

如图8.4所示,俄罗斯的算盘(s'choty)与东方的算盘显著不同,俄罗斯人可能是从阿拉伯获得它的。这种算盘仍然在印度的部分地区和中东被使用,土耳其人称它为coulba,亚美尼亚人叫choreb。在现代俄罗斯,情况与日本相同:几乎所有的小商店经营者仍然使用算盘,但大公司的财会部门已用现代的台式计算器代替。俄罗斯算盘有水平的铁丝或杆,它们大多带有10颗珠子,中间的两颗珠子颜色不同,因此很容易区分它们。如图8.4所示,算盘上的有4颗珠子的横杆是用于卢布和戈比的分数。

近年来,人们已经认识到了算盘在盲童算术教学中的显著价值,并开发出了特殊的算盘以减少摩擦。克兰默(Terrance V. Cranmer)[①]设计了一种日本算盘,在球状珠子的下面使用了美国盲人印刷所[②](地址:1839 Frankford Avenue,Louisville, Ky. 40206)提供的海绵胶垫和毛毡。该企业还销售一本吉索尼(Fred Gissoni)撰写的盲文使用手册。哈斯(Victor E. Hass)利用重力把日本算盘的珠子放置在向上弯曲的半圆形铁丝圈上,使珠子不会意外地滑到一起,这种做法以不太极端的形式使用在某些俄罗斯算盘上。

最先掌握的算盘运算一般是加法。对于那些时间不多或者没有兴趣去学减法指法的读者(移动算珠必须是一些自动的反射动作,不能停下来思

① 克兰默发明了盲人用的算盘,故盲人算盘亦称克兰默算盘。在算珠下面垫乳胶或毛毡,是为了避免无意移动算珠。——译者注

② 美国盲人印刷所(American Printing House for the Blind)是美国1858年建立的一个非营利机构,出版盲人教材和书籍等帮助盲人的产品,以期提高他们的独立生活能力。——译者注

考怎样把加法反过来做),有一个古老的方法可在算盘上用加法代替减法。要在算盘上减去一个较小的数目,你可以代之以加上每一个数字对于9的"补数"。例如,你要在东方的算盘上将456 789减去9213。将456 789记在算盘上。在脑海中在9213前面加上两个0,使它与前一个数一样长。然后,将一对对数字以通常的方式相加,只是从左向右进行(不是用其他方式,如在纸上计算);不过,009 213中的每个数字都要用它与9之差代替。简言之,就是在456 789上加990 786,结果是1 447 575。现在,必须作最后的调整。将左边的那个算珠移去,在右边最后一个数字上加一颗算珠,这样就给出正确答案447 576。在实际操作中,最后的调整可以避免,只是你要在第1次相加时不在左边加上一颗算珠,而在最后一次相加时再加上一颗额外的算珠。在较短的减数左边加两个额外的0这一步骤也可以避免,只要记住不是从减数的最左边那个数位上而是从减数最左边数位后第1位数字上移去一个算珠。

用加上补数来代替减法是康普托计算机[①]以及高速电子计算机中使用的方法。此法可用于任何的进位制中,当然,假设补数是对于比数制的基数小1的数而取的。例如,对于十二进位制,补数是对11取的。对于使用二进制的计算机来说,补数最为简单,因为它就是逢1就变为0和逢0就变为1。不用说,算盘是可以用任何进位制的。东方的算盘很容易采用其他进位制。对于二进制,只要用日本算盘横档以上的区域(天)即可。横档以下的区域(地)可用作五进制。同样,中国算盘也能用于三或六进制。对于四进制,只要将你的注意力限制在横档以下的上面3颗算珠上即可,不管是日本算盘还是中国算盘。对于十二进制,可以用中国算盘,把横档以上的算珠的值看

① 康普托计算机(comptometer)是第1种成功的商用机械式计算器,由美国发明家费尔特(Dorr Felt)发明,1887年申请专利。——译者注

成6而不是5。

对于算盘加法来说，有一个非常好的实际练习，与一个古老的数字小花招有关，这个小花招有时也被小学教师使用。在黑板上用粉笔写下“魔数”12 345 679(注意没有8)，请一名学生走上来并任意挑出一个数字。比如，他挑选了7，老师就把63写在12 345 679的下面，让这学生做乘法计算。结果是积全部由数字7组成，可想而知每个人都会十分惊奇。(教师是将所选的数字7乘上9而得到乘数63的。)

为了用此魔数来做一次算盘练习，将12 345 679记在算盘上，再把该数加上8次，相当于乘以9。如果8次相加没有错误，则算盘上出现了一排1(即在算盘横档下面都只有一颗算珠靠着)。再将这个魔数加上9次，则得到一排2。再加9次，得一排3，依此类推，直到加了80次后出现一排9，方告结束。每一次手指的运动，都是按这个练习去做。而且，用这种方法，很容易就能检验你的9个阶段的操作正确与否，还可以测定你的速度一天一天地提高了多少。

像12 345 679这样，当被乘上一个任意数d和某个常数的积时，结果是一排d的，还有无数个。例如，37与$3d$的积全部由d组成——$37\times(3\times8)=888$。对于$7d$，最小的魔数是15 873；对于$13d$，是8547；对于$99d$，是1 122 334 455 667 789。寻找这样的数并不困难。提一个简单的问题：对于$17d$，最小魔数是多少？这里的d是一个任意数。换言之，什么数乘以$17d$能给出一个全部由d组成的数？

答　案

这个问题是要找出这样一个最小的魔数：当它乘以17*d*时（其中*d*为一个任意数），所得的积全部由*d*组成。

很明显，这样一个数与17的乘积必须是一串1，因而我们可将1111…除以17，以此来看看是否会得到一个没有余数的结果。这样得到的第1个结果是65 359 477 124 183，此即这个问题的答案。因为这个数的17倍是1 111 111 111 111 111，若乘数为17×2=34，得到的乘积将是一排2，以此进行下去，即会得到其余各数。

因为无限循环小数0.111 1…等于$\frac{1}{9}$，即9的倒数，故可证明每一个整数魔数都是那些9的奇数倍数（但不是5的倍数）的倒数的小数形式的循环节。在上述情况中，魔数就是$\frac{1}{153}$（即9和17的积的倒数）的小数表示中的循环节。非整数神奇数字的一个例子是1.375，把它乘上8*d*，其积全部由*d*组成，只要不去管积的小数点右边的0。

第 9 章

文字回文和数字回文

A man,a plan,a canal——Suez!

——人鱼埃塞尔(Ethel Merperson)[①]

① 这是马登(Mary Ann Madden)编辑的《巨海龟的儿子》(*Son of Giant Sea Tortoise*,1975)中的一位“几乎失之交臂”的回文学家。如果把上面的引文中的Suez(苏伊士运河)改为Panama(巴拿马运河),该句就是回文。——译者注

通常来说，回文是指一个单词、一个句子或一组句子，从前到后和从后到前的拼法都相同。这一术语也用于一些整数，把它们倒过来时也不改变。这两种回文长期以来一直为那些以数字和文字游戏作消遣的人感兴趣，或许这是因为这类对称回文所拥有的深层次的、半无意识的、美学上的乐趣。在其他领域，也有着与回文类似特征的东西：有着相同反向旋律的乐曲、有着镜像对称的图画和设计、动物和人类的左右对称等，如图9.1所示。在本章中，我们将把注意力限制在数字和语言回文上，并考虑这两个领域中的一些令人愉快的新发展。

图9.1　飞翔的海鸥：一个视觉回文

下面是一个古老的、不知来源的（在1930年代的出版物中有文献引用）回文猜想。由任何一个正整数开始，将它反转，然后将此两数相加。对这个和，重复这个过程以得到第2个和。将这个过程一直继续下去，直到得到一个回文和。例如，68经过3步产生一个回文：

$$
\begin{array}{r}
68 \\
+\ 86 \\
\hline
154 \\
+\ 451 \\
\hline
605 \\
+\ 506 \\
\hline
1111
\end{array}
$$

很明显,对于所有的两位数来说,如果这两个数字之和小于10,则第1步就会得到一个两位数回文。如果它们的两位数字之和是10,11,12,13,14,15,16或18,则分别在2,1,2,2,3,4,6,6步后得到一个回文。如邓恩(Angela Dunn)在《数学导流板》(*Mathematical Bafflers*,1964)指出的那样,两位数字之和为17是一个例外。只有89(或反过来98)符合这个限制条件。要进行24步操作,这个数字才会得到一个回文8 813 200 023 188。

到目前为止,这个猜测一直被广泛认为是正确的,虽然没有人能成功地证明它。一位以趣题著作而闻名的加利福尼亚数学家特里格,在他1967年的文章《加法回文》中更为仔细地研究了这个猜测。他发现,小于10 000的249个整数在100步后仍不能产生回文,这类数中最小的是196。1975年,以色列科学中心的萨尔(Harry J. Saal)对196进行了237 310步加法计算,也没有回文出现。特里格相信这个猜测是不正确的(196是14的平方,但这可能是一个无关的事实)。不去管这249个例外,所有小于10 000的整数,除89和它的反转数外,都能在少于24步时产生一个回文。最大的回文16 668 488 486 661是由6999(或它的反转数)和7998(或它的反转数)在20步时生成的。

对任何的进位制，这一猜测都没有被证实，但它只是对以2的幂为基的记数系统是不成立的。最小的二进制反例是10110（或十进制中的22），4步以后的和是10110100，8步以后是1011101000，12步以后是101111010000。每4步，在有下划线的两段数字里各增加一个同样的数字。布鲁索（Brother Alfred Brousseau）在《二进制中的加法回文》中，证明了这一不对称的模式无限重复。他还发现了对于更大的二进制数的另一些重复的不对称模式。

有一些数量不太多但在增长的文献，它们论述了回文素数的性质以及关于它们的猜测。很明显，这样的素数有无限多个，但就我所知，目前这还没有被证明。然而不难证明，除了11以外，一个回文素数的位数一定是奇数的。读者能在阅读答案中的简单证明之前，这样做吗？格里奇曼（Norman Gridgeman）猜测，有无限多个形如30 103和30 203、9 931 399和9 932 399这样的素数对，其中除了中间那个数字外都是相同的，且中间那个数字相差1。但是，格里奇曼的猜测离被证明还很遥远。

西蒙斯（Gustavus J. Simmons）写了两篇关于回文幂次的文章。在证明了一个随机挑选的整数是回文的概率随这个整数的位数增加而趋向于0之后，西蒙斯研究了平方数，发现它们比随机挑选的整数更容易生成回文数。平方数回文有无限多个，似乎它们中大多数的平方根也是回文（最小的非回文平方根是26）。立方数也有非常多的回文数。计算机检查了小于2.8×10^{14}的所有立方数，发现了真正令人惊讶的事实。在西蒙斯研究的立方数里面，具有非回文立方根的立方数是10 662 526 601。特里格早就注意到这个数的立方根2201，他在1961年报道了它是小于1 953 125 000 000的立方数里仅有的非回文根。现在还不清楚2201是不是具有此种性质的唯一整数。

西蒙斯对于回文4次幂的计算机研究到了与立方研究中同样的限度，

但未能发现有一个回文的4次幂的4次方根不是一般形式为10…01的回文。对于5到10次幂，计算机发现，除了平淡无奇的1外，全部都是非回文的。西蒙猜测，当k大于4时，没有形如X^k的回文。

“1的循环整数”即那些全部由1构成的数，当1的数目为1—9时，产生回文的平方数；但是当1的数目是10或更多时，给出的平方数不是回文的。曾经有错误的说法认为仅有素数才有回文的立方数，但是这已被无数个整数证明是不正确的，这些整数里最小的一个是循环整数111。它可被3整除，其立方1 367 631是回文数。数字836也是特别有趣的，它是平方为回文的最大3位数，它的平方是698 896，又是具有偶数位数的最小回文平方数（注意，上下颠倒此数仍然是回文数）。这样的回文平方数是极其罕见的。下一个大的、具有偶数位数的回文数是637 832 238 736，它是798 644的平方。

现在看看文字回文，我们首先注意到，多于7个字母的普通英文单词没有回文。7个字母的回文单词有reviver，repaper，deified和rotator[①]。radar（雷达，用于无线电探测和测距的一种设备）一词值得注意，因为它是杜撰出来象征无线电（radio）波的反射的。博格曼（Dmitri Borgmann）的文件档案中包含了各种主要语言在内的数千个回文句子。他在著作《假期语言》（*Language on Vacation*）中断言，最长的不带连字符号的回文单词是saippuakauppias，一个意为肥皂供应商的法文词。

根据博格曼的说法，在英文专有名词中，没有比Wassamassaw更长的回文词了，这是南卡罗来纳州查尔斯顿市北面的一片沼泽地。有关于它的传说，他写道，这是一个印地安人的词，意为“所见到的最坏地方”。Yreka Bak-

① 这里文中所讲的英文单词都是回文词，但译成中文后就没有这种性质了，后续遇到这类情况也是如此。——译者注

ery[①](怀里卡面包房)一直在怀里卡的西矿物街上营业。柬埔寨的前首相Lon Nol(朗诺)和缅甸曾经的总理U Nu(吴努)都有一个回文名字。Revilo P. Oliver(里维洛·奥利弗)是伊利诺伊大学的一位西洋古典学教授,他与他的父亲和祖父有着相同的名。最初,起此名就是为了使这个姓名成为回文。我不知道是否有人具有更长的回文姓名,但博格曼认为有如下的可能:Norah Sara Sharon,Edna Lala Lalande,Duane Rollo Renaud,以及许多别的可能。

在英文中有成千上万个优美的回文句子,有一些我在《〈科学美国人〉数学游戏之六》关于文字游戏的一章中讨论过。有兴趣的读者可以在上面提到的博格曼和贝格森(Howard Bergerson)的书中发现有很好的收藏。在夜晚编撰回文,对失眠症患者来说是一种消磨黑夜时间的方法,正如安杰尔(Roger Angell)在他刊登在《纽约客》(*The New Yorker*)[②]杂志上的文章《Ainmosni》[Insomnia(失眠症)的反序词][③]中那些引人发笑的内容那样。这里我仅给出一个不大为人所知而又在长度和实质两方面都很突出的回文句子:"Doc note, I dissent. A fast never prevents a fatness. I diet on cod."[④]米基(James Michie)为此赢得了英格兰《新政治家》(*New Statesman*)杂志资助的一个回文比赛的奖金,比赛结果刊登在1967年5月5日的该杂志上。许多获奖的回文都比米基的长,但通常情况是,回文越长肯定越难于理解。

---

① 怀里卡(Yreka),美国加利福尼亚州北部的一个城市。怀里卡面包房的英文名Yreka Bakery是一个回文名字。——译者注

② 美国的一本综合杂志,内容涵盖新闻报道、文艺评论、散文、漫画、诗歌、小说,以及纽约的文化生活等。也有关于数学的文章,如2006年刊登文章《流形的命运》介绍证明庞加莱猜想的有关问题。——译者注

③ "Ainmosni"这个词在英语中实际上并不存在,安杰尔把它作为自己文章的题目,意在表明这是一篇对抗失眠症的文章。——译者注

④ 这是一句回文句子。意为:医生注意,我不同意,节食不能减肥,我专吃鳕鱼。——译者注

回文学家利用各种手段来使得一些很长的、莫名其妙的回文在表面上较为讲得通：将它们表示作电报、只取电话交谈中一边的话等。英国一位卓越的回文学家默瑟(他是著名的"A man, a plan, a canal——Panama!"的发明人)[①]提出了一种写出你要多长就多长回文的方法。此种句子具有如下形式"'___,'sides reversed, is'___。'"(这个句子意为"'___'左右反过来是'___'。")其中第1个空格可填任何字母序列，但是要长，把它的反向序列填在第2个空格里。

包含美国总统姓名的好回文格外地罕见。博格曼称，干净利落的"Taft: fat!"[②]是最短的也是最佳的回文。尼克松(Richard Milhous Nixon)[③]的姓名提供了一句回文句"No 'x' in 'Mr. R. M. Nixon'?"虽然有些不自然，但此回文大写字母的简短形式NO X IN NIXON也是可逆的。

"God"(神)是"Dog"(狗)反向的事实，在许多回文句子以及正统的精神分析学中起了作用。在《弗洛伊德[④]对精神病治疗法的贡献》(*Freud's Contribution to Psychiatry*)一书中，布里尔[⑤]引用了一个相当牵强附会的分析，这个分析是由荣格[⑥]和其他人对一个患有手臂上举痉挛疾病的病人作出的。精神分析医师们认为，这种痉挛根源于以前与狗相关的不愉快视觉经历。

---

① 默瑟(Leigh Mercer,1893—1977),英国著名文字游戏和消遣数学家。——译者注

② Taft:fat!意为"塔夫脱:肥胖!"塔夫脱(William Howard Taft,1857—1930)是美国第27任总统。当总统时,人很肥胖,故有此说。——译者注

③ 尼克松(1913—1994),美国第37任总统,1972年曾来我国访问。——译者注

④ 弗洛伊德(Sigmund Freud,1856—1939),奥地利知名的精神分析学家、神经科医生,弗洛伊德学识创始人。——译者注

⑤ 布里尔(Abraham Arden Brill,1874 —1948),奥地利出生的精神病学家、精神病医生,第1个将弗洛伊德学识翻译成英文。——译者注

⑥ 荣格(Carl Gustav Jung,1875—1961),瑞士心理学家、精神病学家和精神治疗医师,分析心理学的创始者。——译者注

因为“狗(dog)— 神(god)”逆转和人们的宗教信念,他的无意识已经发展为一种象征阻止邪恶的“狗(dog)— 神(god)”的姿态。纳博科夫小说《洛丽塔》(*Lolita*)中的叙述者亨伯特(Humbert Humbert)[①]指出了爱伦·坡[②]频繁使用的反向词“dim”(昏暗地)和“mid”(中间的)。在纳博科夫小说《微暗的火》(*Pale Fire*)中的同名诗的第2章中,虚构的诗人谢德(John Shade)谈到了他去世的女儿对反向词的癖好:

……她把单词反过来:pot(罐)、top(顶)、Spider(蜘蛛)、redips(再浸渍)。把“powder”(粉末)变成“red wop”(红色的意大利移民)。

这种单词反转,和那些句子被反向拼写成了不同的句子,很明显是回文词的近亲,但是这个题目过于庞大,不能在此介绍。

以单词而不是字母构成的回文句子一直是另一个关于文字游戏的不列颠专家林登的专长。他所构造的大量句子中,有两个杰出的例子:

“You can cage a swallow, Can't you, but can't swallow a cage, can you?”[③]

“Girl, bathing on Bikini, eyeing boy, find boy eyeing bikini on bathing

---

① 纳博科夫(Vladimir Nabokov,1899—1977),俄裔美国作家,20世纪杰出的文学家、批评家、翻译家、诗人。《洛丽塔》是他用英文撰写的小说,1955年发表,该书使他享誉世界。亨伯特是小说中的主人公。《微暗的火》是他的一部后现代主义小说,1962年发表。这两本书均已翻译成中文。在本书后面作者介绍中提到的他的另一本书籍《阿达》(*Ada*),也已被翻译成中文。——译者注

② 爱伦·坡(Edgar Allan Poe,1809—1849),美国作家、诗人、编辑、文学批评家,侦探小说的创始人。——译者注

③ 意为:“你能将一只燕子关入鸟笼之中,你不能吗?但是你不能吞咽下一只鸟笼,你能吗?”这里利用了swallow一词有“燕子”和“吞咽”两种含意,使得句子有回文的性质。——译者注

girl."①

这些通过许多努力写出的以字母为单位的回文诗，有些还相当长，但无一例外，它们都很晦涩、无韵律和缺乏诗的一些特点。如果不是按照整首诗是回文的，而是每一行单独是回文的或者以单词为单位是回文的，会写出一些更好的诗来。第3种类型的回文诗是用行来作为单位的，这是林登发明的。这样的诗一行行读下去并没有变化，只是次序相反了。当然，允许不时地加入不同的重复行。下面是林登最好的例子之一：

As I was passing near the jail（当我经过监狱附近时）
I met a man, but hurried by.（遇到一个男人，只是匆匆一瞥。）
His face was ghastly, grimly pale.（他脸色惨白得惊人可怕。）
He had a gun. I wonder why（他有支枪。我很奇怪为什么）
He had. A gun?I wonder ... why,（他有支枪？我很奇怪……为什么，）
His face was ghastly! Grimly pale,（他脸色惨白得惊人可怕，）
I met a man, by hurried by,（遇到一个男人，只是匆匆一瞥，）
As I was passing near the jail.（当我经过监狱附近时。）

林登还有一首更长的诗。这两首诗均出现在贝格森的《回文和变位词》(*Palindromes and Anagrams*, 1973)一书中。

① 意为："穿比基尼洗澡的女孩在看男孩，发现男孩在看洗澡女孩穿的比基尼。"——译者注

DOPPELGÄNGER[①]

Entering the lonely house with my wife,
I saw him for the first time
Peering furtively from behind a bush—
Blackness that moved,
A shape amid the shadows,
A momentary glimpse of gleaming eyes
Revealed in the ragged moon.
A closer look (he seemed to turn) might have
Put him to flight forever—
I dared not
(For reasons that I failed to understand)
Though I knew I should act at once.

I puzzled over it, hiding alone,
Watching the woman as she neared the gate.
He came, and I saw him crouching,
Night after night,
Night after night
He came, and I saw him crouching,
Watching the woman as she neared the gate.

① 这是林登的一首著名的回文诗，与上面的一首一样，它不是逐个字母或者逐个单词的回文，而是整个句子的回文。即诗的第1句和最后一句相同、第2句与最后第2句相同，依此类推。此诗的题目是德文词“*DOPPELGÄNGER*”，意为“分身”，是指某个人能在两地同时出现，由第3者目睹的现象。该诗是回文诗的一个典范，近年来仍在网上被热议。这里给出的译文，仅供参考。——译者注

I puzzled over it, hiding alone—
Though I knew I should act at once,
For reasons that I failed to understand
I dared not
Put him to flight forever.

A closer look (he seemed to turn) might have
Revealed in the ragged moon
A momentary glimpse of gleaming eyes,
A shape amid the shadows,
Blackness that moved.

Peering furtively from behind a bush,
I saw him for the first time,
Entering the lonely house with my wife.

译文：

分　身

和我的妻子走进这荒寂的房子，
我第一次看到他
从灌木丛后偷偷窥视——
移动的黑影，
掩身于阴影中，
闪烁的瞬间一瞥，
在时隐时现的月光下。
靠近一看(他似乎正要转身)

或许会让他销声匿迹
我不敢
由于我搞不明白的原因，
虽然我知道我应该即刻行动。

我很困惑，便一个人躲藏了起来，
看着这个女人走近大门，
他来了，我看着他蹲伏着
一晚又一晚。
一晚又一晚
他来了，我看着他蹲伏着
看着这个女人走近大门，
我很困惑，便一个人躲藏了起来，

虽然我知道我应该即刻行动，
由于我搞不明白的原因，
我不敢
或许会让他销声匿迹
靠近一看(他似乎正要转身)
在时隐时现的月光下
闪烁的瞬间一瞥
掩身于阴影中。

移动的黑影，
从灌木丛后偷偷窥视——

我第一次看到他，

和我的妻子走近这荒寂的房子。

林登有一句字数最多的、以字母为单位的回文句。不过若要懂得此回文句，必须知道下面的事实：贝丽尔(Beryl)有一个喜欢不穿任何衣服沿院子跑步的丈夫。内德(Ned)告诉他，如果他这样做是骚扰他的妻子。贝丽尔的丈夫回答说："Named undenominationally rebel，I rile Beryl? La no! I tan. I'm，O Ned，nude，man!"(作为不受任何宗教派别支配的反叛者，我惹怒了贝丽尔？不！我晒成棕褐色。我是，喔，内德，一个赤裸的男人！)

补　遗

一本有着几十篇有特色的各类回文文章的文字游戏季刊《文字游戏》(*Word Ways*)的编辑和出版商埃克勒(A. Ross Eckler)写道：英语和其他语言之间的"回文鸿沟"或许没有我所认为的那么宽。《韦氏大字典(第2版)》中单词"Semitime"的复数形式是一个含9个字母的回文字，而"kinnikinnik"出现在《韦氏大字典(第3版)》中。埃克勒认为，博格曼在《文字游戏》中指出，对外文字典的研究未能证实有诸如芬兰肥皂批发商那样长的回文单词，这表明它们是些人造的单词。

在美国城镇名中，博格曼发现了7个字母的回文字Okonoko(在西弗吉尼亚)。如果把州名(全称或缩写)算作回文的一部分，博格曼提供了Apollo，Pa.，和Adaven，Neveda。埃克勒还说，美国有些城市有着故意相反的一对名字，如科罗拉多州伊格尔县的Orestod和Dotsero，宾夕法尼亚州坎布里亚县的Colver和Revloc。他又加上了Nova和Avon这一对并不是故意反转的俄亥俄州城镇名字。

哈特第三(George L. Hart III)寄来了如下一封信,该信发表在1970年11月的《科学美国人》上:

先生们:

关于你们的回文讨论,我想提供一个例子,我相信在已经创造的回文类型中,它是最复杂和最精致的。它是由梵文审美学家设计出的,他们给了它一个术语*sarvatobhadra*,意为"在每一个方向上都完美"。最著名例子可在题为*Sisupālavadha*的史诗中找到。

sa-kā-ra-nā-nā-ra-kā-sa-
kā-ya-sā-da-da-sā-ya-kā
ra-sā-ha-vā-vā-ha-sā-ra-
nā-da-vā-da-da-vā-da-nā.
(nā da vā da da vā da nā
ra sā ha vā vā ha sā ra
kā ya sā da da sā ya kā
sa kā ra nā nā ra kā sa)

此处的连字符代表下一个音节属于同一个单词。最后4行是前4行的反转,它不是诗歌的一部分,这样写只是为了使得它的性质可以更容易被看出。此诗是对一支军队的描写,翻译如下:"热衷于打仗(rasāhavā)的(那支军队),包括降低敌人战斗预期和步伐的联盟者(sakāranānārakāsakāyasādadasāyakā),在山中最好的喊叫声可以与音乐乐器媲美(vāhasāranādavādadavādanā)。"

两位读者——冈恩(D.M. Gunn)和威尔逊(Rosina Wilson),传来了怀里卡面包房已不复存在的令人伤感的消息。1970年,它的遗址已为怀里拉画廊(Yrella Gallery)所有,威尔逊女士还寄来了一张由该画廊签名证明的宝丽莱照片。那个画廊是否仍然还在,我就不得而知了。

答 案

前面曾要求读者证明除了11以外,没有一个偶数位的素数是回文数。此证明要用到一个众所周知的11的整除性(不在这里加以证明):如果一个数,它的偶数位所有数字之和与奇数位所有数字之和的差为0或是11的倍数,则这个数字是11的倍数。当一个回文数是偶数位时,其奇数位上的数字一定是偶数位上的重复;因而这两组数之和的差一定为0。这个回文数字是11的倍数,因此不可能是素数。

同样的整除性检验可以应用于所有的数制,在那里,被检验的数字是记数制的基数加一。这样就证明了,在任何记数制中,没有任何一个偶数位的回文数是素数,只有11是例外。如果记数制的基数比素数小1,则11是一个素数,就像它在十进制中那样。

第10章

1元美钞

各种值得注意的人造小东西，它们本身能用来做一些魔术戏法和趣题，这些魔术戏法和趣题有时从性质上来说是与数学有关的。让我们稍微浏览一下有关钞票的一些趣题[①]。

一种包含对长方形钞票进行对称操作的奇妙折叠手法是魔术师们所熟知的。表演者拎住一张钞票的两角，使华盛顿的头像向上，如图10.1所示。他将纸钞对折，然后向左对折，向左再对折。然后，再按照与之前明显相反的3个步骤摊平这张钞票，但是现在的华盛顿的头像上下颠倒了！当其他人试图这样做时，这张钞票却顽固地拒绝上下颠倒。

秘密在于第2次对折。注意，它是这样进行的，把纸钞右边一半折到左边一半的*后面*去。第3次对折是把右边一半折到前面来。而在摊平时，这两步都是向前打开的。这样做的效果如同将此钞票绕一根垂直轴转了180°，就像你在第2步和第6步看到的那样。即便如此，最后的倒转仍会带来一个惊喜。你必须苦练这3步，直到可以利索而快速地进行。当你宣称（魔术师有着撒些小小谎言的特权）你是在小心翼翼地以相反的次序重复前面的过程

① 本章所提到的钞票都是指1928—1995版的美钞，而且大多是指1元美钞。对于1996—2006新版的美钞或2004年后重新设计的美钞，本章的有些陈述就不再正确。下面不再一一指出。——译者注

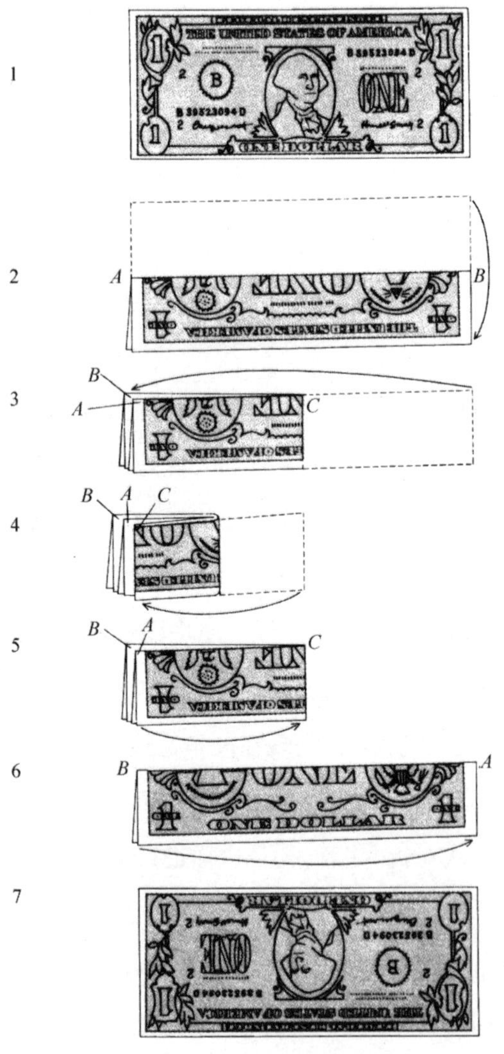

图10.1 上下颠倒一张钞票

时,摊平的过程要缓慢而从容不迫。

折纸手工的专家们已经花了很多时间,来发明一些折叠钞票形成诸如指环、领结、孔雀、戴帽子的兔子的方法。事实上,已经有两本有关此内容的

专著，由位于芝加哥的爱尔兰魔术公司[①]出版：塞塞达（Adolfo Cerceda）的《折叠纸钞手册》（*The Folding Money Book*，1963），塞缪尔和琼·朗德勒特（Samuel and Jean Randlett）的《折叠纸钞手册之二》（*The Folding Money Book Number Two*，1968）。这两本书中描述的折纸是相当复杂的，但是这里有一个简单的方法，请读者自己去发现。能否将一张1元美钞折两折形成一个最为可能的蘑菇图案？

所有的纸钞都以一个8位数字的系列号相区分，当然这些数字能在多种不同的数学游戏中起作用。读者玩过1元美钞的扑克吗？玩家共两位，每一位从他的口袋中抽出一张钞票，利用序列号的数字把它们当作扑克牌。不允许有顺子和葫芦（full house）[②]，但是同种类某一数字的个数可能大于4。在每一轮，玩家一定要提出要求或叫牌。允许欺骗或恐吓。一次叫牌后，要检查两者的数字，允许最后叫牌的玩家用两者钞票上的数字来满足他的要求。例如，如果他叫了6个3，而在自己的序列号中有两个3，在对手的序列号里有4个或更多个3，则他就赢了对手的1元美钞。反之，他就输掉自己的钞票。

纽约的一位股票经纪人和业余魔术师希思（Royal V. Heath）在1933年写的一本书《数学魔术》（*Mathemagic*）中，介绍了他所喜爱的一个戏法。开始时，要求某人从他的口袋中取出一张1元美钞并查看序列号。他先报出第1位数字和第2位数字之和，然后是第2位数字和第3位数字之和，第3位数字和第4位数字之和，如此类推，直到结束。对于第8个和也是最后一个和，是最后一位数字加上第2位数字的和。当这8个和报出时，表演者记录下

① 爱尔兰魔术公司（Ireland Magic Company），一家出版魔术类书籍的出版社，1926年成立。——译者注

② 扑克牌游戏中，葫芦由3张相同的牌加上一对组成。——译者注

来。不用任何书面计算,他立即就能写出这张钞票的序列号。

这个问题就是如何快速地求解8个线性方程组。其解要追溯到3世纪时生活在亚历山大港的数学家丢番图,最早出现在巴谢(Claude Gasper Bachet)所著《有趣而令人愉快的问题》(*Problèmes Plaisants et Délectables*, 1612)的问题Ⅶ中。有一个计算原来数字的简单步骤。将第2、第4、第6以及第8个和相加,减去第3、第5以及第7个和,取所得结果的一半。这根据报出的和数在头脑里很容易算出。从第2个和数开始,如图10.2那样交替地加、减。最后结果的一半就是序列号中的第2个数。表演者不是将它报出,而是在第1个和数中减去它,这样就使他能报出序列号中的第1个数字。依次给出其余的数字就很简单了。第2个数字已经知道了,在第2个和数中减去它就是序列号的第3个数字。从第3个和数中减去第3个数字就是第4个数字,如此类推,直到最后。

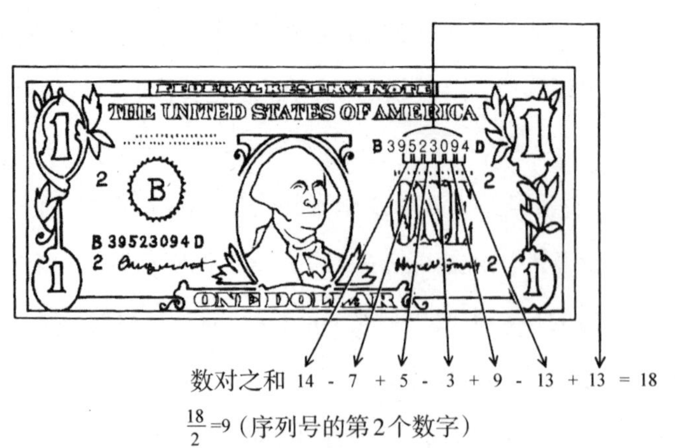

图10.2 求解1元美钞问题的古代公式

这个戏法并不限于8位数的数字。它能用于任何的实数序列,包括正数或负数、有理数或无理数。如果这个序列是偶数位,就如上所述。如果位数是奇数位,最后一个和数就是将最后一位数字与第1个数字相加。此时不是

忽略第1个和数，而是从它开始进行交替地减、加。最后结果的一半是原序列的第1(不是第2)个数字。例如，序列是100，−27，$\frac{2}{3}$，−1，2456。5个和数是73，$-26\frac{1}{3}$，$-\frac{1}{3}$，2455，2556。当这些数被交替地减、加，结果是200。200的一半是100，即原序列的第1位数字。[对所有基于此的趣题，参见卡罗尔的《打结故事》(*The Tangled Tale*)的结Ⅳ。]

许多序列数字戏法是基于魔术师们所称的“9原则”，这又是根据我们以10为基础的记数制推出来的。例如，你背过身子，请人从他的口袋中抽出一张钞票，并记下序列号。再请他打乱这8个数字——即以任意次序写下它们——得到第2个8位数字，然后将这两个数中大的数减去小的数。这时你仍然背着身，要他划去答案中的任何一个数字(除0以外)，然后向你以任何次序讲出剩下的数字。你能立刻说出他所划掉的那个数字。

秘密在于下面的事实，如果任意一个数被打乱并让大的数减去小的数，所得的差为9的数根[①]。举个例子可以看清这一点。假设序列号为06 281 377，把它打乱成87 310 267，两者之差为81 028 890。这个数字的数根可以这样获得，以任何次序把该数的每个数字相加，在加的过程中，得到的数大于9时就去掉9。8加1加2等于11，你需要记住1加1，剩下的仅是2，这与去掉9的结果是相同的。最后的单个数字就是数根。因为所得的差一定是9的数根，所以很容易确定缺失的数字。只要把他们报出的数字加起来，在加的过程中，大于9时就去掉9。如果最后的数字是9，那人划去的一定是9。如果最后的数字不是9，把9减去这个数就是划去的数字。

许多其他方法也能得到数根为9的数字。例如，可把序列数相加，然后

① 数根(digital root)也称数字根。将任何一个正整数的各位数字相加，若加完后的值大于10的话，则继续将各位的数字再相加，直到其值小于10为止。此时所得的值即为该数的数根。数根是自然数的一种性质，用它可以检验计算结果是否正确、判断数字的整除性等。——译者注

在序列数中减去这个和数。或者将序列数相加,然后乘以8,把所得乘积与原来的数相加。你也可以不去猜在最后结果中划去的数字,而是算出一个人的年龄,只要他把自己的年龄加到最后结果上去,然后以任意次序报出这个和数。你所要做的就是得到报出数字的数根,然后心算把它加上9,直到估算出他的年龄。假定有一位女士依照上面的任何一个步骤得到了一个带有9的数根的数字,她把年龄加到最后的结果上去,然后以打乱的次序报出这个和数。假设和数有一个数根4。你在头脑里就简单地列举出:4—13—22—31—40—49等,挑出最符合她年龄的那个数。

另一个基于"9原则"的戏法是找出一张序列数的数根为9的钞票放在你的身边。你请人随机写下8个数字。但在开始前,你表现出似乎事后想起来一样,取出你的钞票,告诉他你将利用这张钞票的序列数字;你解释说,这是产生随机数字的一个随手可得的方法。当你转过身去时,他就打乱这个数,并把这两个8位数相加,而后你就能继续进行上面描述的任何戏法。事实上,他能形成许多打乱的8位数,想要多少就多少,这些数的和总是9的数根。他可以打乱并乘以任意数,其积也有数根9。如果他怀疑你的钞票是特别制作的并坚持要用自己的钞票,那就改用上面描述过的步骤。

一个更难解答的趣题是如下由布劳德表演的序列数戏法,它出现在一本魔术杂志《扶灵者评论》(1967年10月号第127页;1967年12月号第144页)上,这本杂志的名称并不像一本魔术杂志。这个戏法的做法是写下他自己钞票的序列号,并把它反转,然后将此两个数相加。他划去任意一个数字并大声读出结果,用x代替被划掉的数字。假设序列数是30 956 714。将此数与它的反转数41 765 903相加。在和数中划去6,并大声读出72 722 x17。你如何才能猜出缺失的数字?

当然,序列数所起的作用是为了防止各种犯罪活动,但是至少有一种诈骗，序列数在其中却扮演着一个关键角色。这种诈骗时不时地会在美国的酒吧里冒出来。一个人坐在吧台的一头，对着调酒师和顾客开始耍魔术。几个戏法之后，他声称将要他最为轰动的戏法，需要一张10元美钞。他向调酒师借一张这样的钞票，并保证原物奉还，让调酒师记下这张钞票的序列号。魔术师把这张钞票折好，让大家看着放进了一个信封，并把它密封起来。实际上，钞票落在了信封背后和手掌之间的缝隙。这个空信封被烧成了灰烬，似乎这张钞票也被烧了。当此信封燃烧时，这张钞票被传递给了他的同党，一个由他身边经过走向吧台另一头的人。该同党用这张钞票向另外一个调酒师买了一杯酒。信封烧掉以后，魔术师叫调酒师看看他的收银箱，在那里调酒师会发现原来的那张钞票。钞票发现了，序列号核对了，每个人都目瞪口呆，而这两个骗子却带着9美元的获利离开了。

有人知道1元美钞可以当作尺子用吗？从右边那只老鹰下面的盾形图案到右边边缘的距离是1英寸[①]。钞票的绿色一面顶部的“United States”一词的宽度是2英寸。钞票正面顶端包含“Federal Reserve Note”的长方形宽3英寸。钞票本身比6英寸长$\frac{3}{16}$英寸。去掉一边的边缘，就非常接近6英寸了。

我总结了一系列的趣题，除非另有说明，都是与1元美钞有关的：

1. 数字1在1元美钞上的10个地方出现，不算那些在每张钞票上都不同的数字（序列数），但是包括表示序列年号的第1个1[②]和金字塔下面的罗马字I。代表1的文字出现了多少次？

2. 10元美钞上出现的文字“ten”有多少次？

---

① 1英寸=2.54厘米。——译者注

② 这里指的是1928—1995版钞票的序列年号，所以每个年号的第1个数字是1。1996—2006版的序列年号的第1个数字就会有1（20世纪）和2（21世纪）两种情况。2004年后新版的序列年号就只有2了。故此处的描述对它们就不再适用。——译者注

3. 找出1元美钞上的日期1776。

4. 找出一把大门钥匙的图案。

5. 找出那个是“poetics”(诗学)的变形词[①]的文字。

6. 找出那个是“a night snow”(晚上的雪)的变形词的文字。

7. 找出以下4个字母的文字:“sofa”(沙发)、“dose”(剂量)、“shin”(胫部)、“oral”(口头的)、“eats”(吃)、“fame”(名声)、“isle”(岛)、“loft”(阁楼)。

8. 找出“Esau”(以扫,圣经中的人名)和“Iva”(艾娃,人名)。

9. 找出短语“at sea”(在海上)。

10. 找出一个印刷时颠倒了的西班牙词。

11. 找出一个带有字母“O”的词,但“O”的发音为“W”。

12. 金字塔上的一只眼睛是什么意思,又是谁建议放在那里的?

13. 在5元美钞上找出“New Jersey”(新泽西)和数字172。

14. 如果把一张5元美钞抛到空中,当它掉到地上时,林肯的头像向上的概率是多少?

① 变形词是指改变了字母位置的文字。——译者注

答　案

第1个问题是如何把一张1元美钞折两折而形成一个蘑菇图案。折法如图10.3所示。

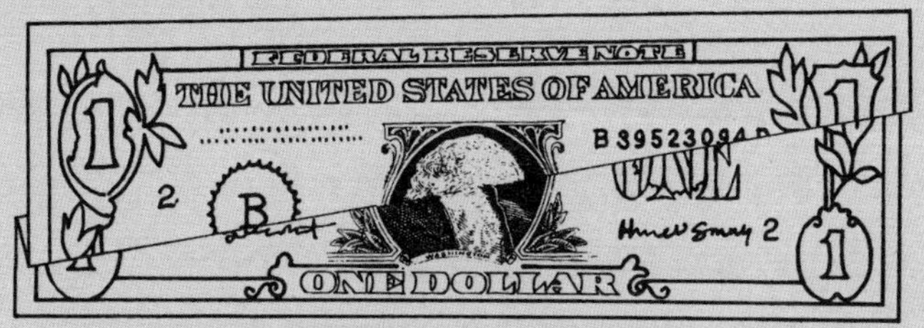

图10.3　将1元美钞折出一个蘑菇图案

第2个问题与钞票的序列数和它的反转数有关。任何偶数位的数加上它的反转数，其和总是11的倍数。而且11的所有倍数都有如下性质：奇数位上的数字之和等于偶数位上的数字之和，或者这些和相差一个11的倍数。这就提供了一种技巧，依此可以决定在序列数及其反转数之和里面除去了的那个数字。求出偶数位上的数字之和以及奇数位上的数字之和，然后设x(被除去的数字)为一个值，使得此两个和之差为0或是11的倍数。在这个例子中，观众报出的数字是72 722 x17。在此，奇数位数字相加得17，偶数位数字相加得11。因为x是在偶数位上的，x的值能使11增加到17，所以x等于6。如果包含x的和大于17，比如19，可以将17加上11得28，然后再减去19得9，此即被划去的数字(另一种方法是将

19减11得8，然后17再减去8得9)。如果包含x的一组数字之和小于另一组数字之和，其差大于11，则加上11后再减。如果这两组数字之和是相等的，则划去的数字是0。

那些简短问题的答案如下：

1. 在1元美钞上“1”出现9次。你看到“unum”(合众为一)了吗？

2. 在10元美钞上，文字“ten”出现13次。你看到“*ten*der”和“sep*ten*t”中的“ten”了吗？

3. 日期1776以罗马数字出现在金字塔的底部。

4. 那把大门钥匙出现在钞票正面绿色的盾徽中。

5. “poetics”的变形词是“coeptis”，出现在金字塔的上方。

6. “Washington”是“a night snow”的变形词。

7. “sofa”出现在“United State*s of A*merica”，“dose”出现在金字塔下面的拉丁文短语中，“shin”出现在“Wa*shin*gton”中，“oral”出现在“f*or al*l debts”中，“eats”出现在“gr*eat s*eal”中，“fame”出现在“*of A*merica”中，“isle”出现在“*is le*gal”中，“loft”出现在“great sea*l of t*he”中。

8. “Esau”是在“Th*esau*r”之中。“Iva”在“pr*iva*te”中。

9. “At sea”是在“gre*at sea*l”中。

10. 反转的西班牙文是“si”(是、对)(在“This note *is*...”中)和类似的地方。读者布朗(Scott Brown)发现其他4个：“o”“no”“ni”和“os”。

11. “One”包含字母“O”,但发音为“W”。

12. 金字塔上方的眼睛是“上帝之眼”。这是富兰克林(Benjamin Franklin)建议加上的,用来强调由13级金字塔象征的“联盟”始终在上帝之眼的注视之下。

13. 5元美钞上的“New Jersey”是在林肯纪念堂第3和第4根柱子上面的州名。你需要用放大镜才能看到它。数字172能被看作纪念堂底座树叶上的大黑数字。该数也可认为是3172,但是3并不像其他数字那么明显。

14. 概率为1。因为在5元美钞的背面,你将在林肯纪念堂里面看到林肯的雕像。

附　记

第1章
怪棋及其他

《数学公报》上有两篇关于十位数问题及其推广的文章：麦凯(Michael Mckay)和沃特曼(Michael Waterman)的《自描述串》，在第66卷1982年3月号第1—4页上；托尼·加德纳(Tony Gardner)的《自描述表——一个简短研究》，在第68卷1984年3月号第5—8页上。

第4章
简　单　性

在寻找以对科学家有用的方式衡量一个理论的简单性方面，几乎没有什么进展。最近，一个基于定义随机数技术的建议是把一个理论翻译成二进制数字的字符串。然后，用打印出这个字符串的最短计算机程序长度来定义此理论的简单性。这并没有多少帮助。且不管找到一个长的二进制数表达式的最短算法是多么困难，字符串最初该如何形成？例如，你如何用二进制数的字符串来表达超弦理论?

科学家都同意,在两个有着同样的解释和预言能力的理论中,较为简单的理论有更好的机会获得丰富的成果,但是没有人知道为什么。或许,是由于自然的终极定律是简单的,但是谁能肯定终极定律在何方?有些物理学家猜想,可能有无限多个层面的复杂性。在每一层面上,定律可能会逐渐地简化,直到实验突然打开了一扇暗门,发现了另一个复杂的地宫。

第10章

1元美钞

莫里斯(Scot Morris)在《*Omni*》杂志上的一个游戏专栏写了许多关于新版1元美钞的消遣和娱乐文章。你会学到如何翻转一张钞票就能使华盛顿微笑或皱眉。在一张1元美钞上有多少只眼睛?两只在华盛顿的脸上,一只在金字塔的顶角上,还有一只在老鹰头上。莫里斯演示了如何折叠这张钞票能产生瞪着两只大眼睛的怪物的脸,并将眼睛的总数增加到8。

我说数字1在1元美钞上出现10次,但莫里斯发现了第11个——在绿色盾徽底部的日期1789中。"Saw nothing"是"Washington"的另一个变形词。

责任编辑 刘丽曼 吴 昀
封面设计 戚亮轩

马丁·加德纳数学游戏全集
算盘与多米诺骨牌
【美】马丁·加德纳 著
陆继宗 译

上海科技教育出版社有限公司出版发行
（上海柳州路218号 邮政编码200235）
www.sste.com www.ewen.co
各地新华书店经销 常熟华顺印刷有限公司印刷
ISBN 978-7-5428-7236-4/O·1103
图字09-2013-851号

开本720×1000 1/16 印张11
2020年7月第1版 2020年7月第1次印刷
定价：37.00元